BDB-Bildungswerk e.V. Berlin | Bund Deutscher Baumeister,
Architekten und Ingenieure
Bezirksgruppe Gießen-Wetzlar (Hrsg.)

Treppen, Geländer und Umwehrungen

82. Gießener BDB-Baufachseminar
26. November 2010

BDB-Bildungswerk e.V. Berlin | Bund Deutscher Baumeister, Architekten und Ingenieure Bezirksgruppe Gießen-Wetzlar (Hrsg.)

Treppen, Geländer und Umwehrungen

Regelwerke – Planung – Ausführung – Bewertung

82. Gießener BDB-Baufachseminar
am 26. November 2010

Tagungsband

Fraunhofer IRB Verlag

Bibliografische Information der Deutschen Nationalbibliothek
Die Deutsche Nationalbibliothek verzeichnet diese Publikation in der Deutschen Nationalbibliografie; detaillierte bibliografische Daten
sind im Internet über <http://dnb.d-nb.de> abrufbar.

ISBN 978-3-8167-8419-7

Herausgeber:
BDB-Bildungswerk e.V. Berlin
Bund Deutscher Baumeister
Architekten und Ingenieure

Bezirksgruppe Gießen-Wetzlar
- Geschäftsstelle -
Ludwig-Schneider-Weg 17
35398 Gießen
Telefon: (0641) 96 80-0
Telefax: (0641) 96 80-400
E-Mail: bdb@ludwigschneider.de
URL: www.bdb-giessen.de
           www.bdb-wetzlar.de

Organisator & Moderator:
Dipl.-Ing. Gerhard Klingelhöfer BDB
Öbuv. Sachverständiger für Schäden an Gebäuden IHK Gießen-Friedberg
35415 Pohlheim, Goethestraße 49
Telefon: (06 403) 624 43, Fax (06 403) 69 43 12
E-Mail: klingelhoefer-pohlheim@t-online.de

Layout, Satz: Frauke Renz
Herstellung: Dietmar Zimmermann
Druck: BoD – Books on Demand, Norderstedt

© by Fraunhofer IRB Verlag, 2011
Fraunhofer-Informationszentrum Raum und Bau IRB
Nobelstr. 12, 70569 Stuttgart,
Telefon (0711) 970–2500
Telefax (0711) 970–2508
E-Mail irb@irb.fraunhofer.de
http://www.baufachinformation.de

Vorwort

Der Aufruf zum 82. Gießener BDB-Baufachseminar 2010 „Vorsicht Treppe – Achtung Geländer" wendet sich an Planer, Ausführende und Sachverständige diesem Themenbereich mehr Beachtung zu schenken und sich mit den aktuellen Regelwerken, Bauordnungen und den einschlägigen Fachinformationen intensiv zu beschäftigen um Fehler, Unfälle, Sicherheitsrisiken, Schäden und Haftungsfallen zukünftig möglichst zu vermeiden.

Treppen sind wichtige Verkehrswege zur Überwindung von Höhenunterschieden in Gebäuden und im Außenbereich. Man benutzt sie täglich und wahrscheinlich ist jeder von uns bereits einmal oder mehrmals auf Treppen gestolpert und sogar gestürzt. Im Brandfalle sind Treppen meistens die primären, noch nutzbaren Rettungswege aus den oberen Geschossen. Jährlich ereignen sich auf Treppen in Deutschland mehrere Zehntausend Treppenunfälle, wobei es etwa 1.000 Tote und viele Tausend Verletzte gibt. Das sind mehr als doppelt so viele Todesfälle auf Treppen als jeweils durch Brände, Blitzschläge oder elektrischen Strom in Deutschland zu beklagen sind. Diese hohe Zahl der jährlichen Treppenunfälle zeigt, wie wichtig es für die Baufachleute ist, sich mit diesem Thema eingehender zu beschäftigen.

Jeder Treppenunfall ist einer zuviel!

Die Ursachen dieser Treppenunfälle sind aber vielfältig, wie z.B. nutzerbedingte Unachtsamkeiten, Streß, Nichtbenutzung von Handläufen sowie z.B. vermeidbare, bautechnische Mängel an Treppenanlagen, Unübersichtlichkeit, schlechte Begehbarkeit, fehlende Handläufe, ungünstige Beleuchtung, unpassendes Schrittmaß, zu hohe Stufensteigungen, zu kurze Treppenauftritte, Hängenbleiben an offenen Handlauf- und Geländerenden, ungünstige optische Gestaltung von Treppen und vieles andere mehr.

Fast keine Treppe kommt ohne Handlauf oder ohne Geländer bzw. Brüstung aus, auch wenn einige Architekten und Skalalogen gerne auf dieses, angeblich die Architektur störende, Beiwerk verzichten möchten. Gott sei Dank wird uns aus Sicherheitsgründen diese Planungsentscheidung in Deutschland von den obersten Bauaufsichten der Bundesländer im Allgemeinen durch diesbezügliche konkrete Bauvorschriften in den Landesbauordnungen abgenommen. Gleiches gilt auch für Balkone und andere Höhenversätze an Gebäuden und im Außenbereich, die ab 1 m Absturzhöhe regelmäßig eine absturzsichernde Umwehrung benötigen, sofern nicht besondere Ausnahmegründe vorliegen.

Wie die Treppen, werden leider auch die Geländer und absturzsichernden Umwehrungen oftmals nur sehr „stiefmütterlich" oder gar nicht detailliert geplant und statisch nachgewiesen. Wenn überhaupt, wird oftmals nur das optische, architektonische Erscheinungsbild geplant, wobei dann meistens eher filigrane, dünne, statisch unzureichende Geländerkonstruktionen mit zweifelhaften Tragverhalten und oftmals auch mit unzureichenden Befestigungen herauskommen.

Topmodern sind seit einigen Jahren Glasgeländer, absturzsichernde Brüstungsverglasungen und Edelstahlkonstruktionen, die aber dann problematisch werden können, wenn Edelstahl im Außenbereich korrodiert, sich verfärbt oder fehlerhaft verarbeitet wird, Gläser nicht ausreichend standsicher oder technisch ungeeignet sind oder die öffentlich rechtlichen Regelungen in der Planung und Ausführung nicht ausreichend gekannt und nicht im Einzelnen beachtet werden. Die Besonderheiten von Edelstahlkonstruktionen im Hochbau, wer sie wofür verarbeiten darf, und wie sie zu planen, zu bearbeiten und zu pflegen sind, sollte jeder Planer und Ausführende wissen. Gleiches gilt auch für Glasanwendungen bei Treppen, Geländern und absturzsichernden Umwehrungen.

Außentreppen sind auch oftmals Gegenstand von Bemängelungen, weil diese z.B. den Witterungseinwirkungen nicht ausreichend standhalten, deren Sicherheit und Begehbarkeit unzureichend ist oder sich ihr optisches Erscheinungsbild (z.B. durch Aussinterungen, Schmutzablagerungen und Wasserlaufspuren usw.) ungünstig im Laufe kurzer Zeit verändert. Neben der fachgerechten Planung, geeigneter Materialwahl und konstruktiv richtigen Ausführung ist auch die Wasserführung und Entwässerung von bewitterten Außentreppen ein sehr wichtiges und beachtenswertes Thema.

Die folgenden Tagungsbeiträge der namhaften Sachverständigen und Experten beschäftigen sich sehr eingehend mit den vorstehenden Themengebieten.

Damit ist der Themenkomplex „Treppen, Handläufe, Geländer und absturzsichernde Umwehrungen" aber noch lange nicht erschöpfend behandelt, da es mindestens noch die Fachgebiete Schall-, Wärme- und Tauwasserschutz, Rutschsicherheit, spezielle Nutzungsanforderungen, Bauwerksabdichtung, Standsicherheit und Gebrauchstauglichkeit im Sinne der Tragwerksplanung, Wirtschaftlichkeit, Denkmalschutz sowie optische und architektonische Gestaltung von Treppen- und Geländeranlagen, baurechtliche Aspekte u.v.a.m. hier zu beachten gibt.

Zusammenfassend ist festzustellen, dass das Thema „Treppen, Geländer und Umwehrungen" ein sehr breites Spektrum an vielfältigen Ansprüchen an die Bauschaffenden in der Planung, Ausführung und Bewertung stellt, die es zu kennen und zu beherrschen gilt, um sichere, fehlerfreie, fachgerechte Treppen- und Geländeranlagen zu erstellen.

Die BDB-Baufachseminare des BDB-Bildungswerks Bezirksgruppe Gießen-Wetzlar bieten seit mehreren Jahrzehnten den bauschaffenden Architekten, Ingenieuren, Bauunternehmen, Studenten und sonstigen Interessenten aktuelles Fachwissen und baupraktische Erfahrungen aus der Praxis für die Praxis auf hohem Niveau in stets aktueller Form durch erfahrene Experten in der Region Mittelhessen an.

Der vorliegende Tagungsband zum 82. Gießener BDB-Baufachseminar 2010 soll nun auch über den unmittelbaren Kreis der Tagungsmitglieder hinaus eine breite Fachöffentlichkeit durch die dokumentierten Vorträge informieren. Unsere Referenten und wir als Veranstalter stellen uns gerne der Fachdiskussion und freuen uns über den Erfahrungsaustausch, der bei unseren Seminaren und bei nachfolgenden Kontakten stattfindet.

Unser besonderer Dank gilt den Referenten, den BDB-Mitgliedern in der Seminarorganisation und natürlich den Tagungsteilnehmern. Des Weiteren danken wir dem Fraunhofer-IRB-Verlag für seine Unterstützung zur Realisierung dieses Tagungsbands.

Der BDB-Seminarorganisator 2010

Dipl.-Ing. Gerhard Klingelhöfer

Inhaltsverzeichnis

Die neue Geländer-Richtlinie des Metallhandwerks

In dieser Schrift werden Hinweise zu Entwurf, Konstruktion und Montage von Geländern und Umwehrungen, die dem Baurecht und dem Arbeitsschutz unterliegen gegeben, sowie Hilfsmittel für die Bemessung bereitgestellt.

Alle frei begehbaren Flächen mit einer Absturzmöglichkeit müssen in der Regel mit Einrichtungen zum Schutz gegen Absturz, d. h. mit Geländern und sonstigen Umwehrungen, ausgestattet sein.

Zu solchen Flächen gehören insbesondere Treppen, Podeste, Galerien, (französische) Balkone, Anbaubalkone und begehbare Dach- und Verkehrsflächen auf Grundstücken, die an tiefer gelegene Bereiche angrenzen.

Ebenso müssen nicht begehbare Oberlichte und Glasabdeckungen umwehrt werden, wenn sie weniger als 0,50 m aus umliegenden, begehbaren Flächen herausragen.

Nur in wenigen Ausnahmen, wie z.B. bei Laderampen und Kais, darf auf Geländer verzichtet werden.

Die Anforderungen an Geländer variieren je nach Einsatzbereich mit Blick auf die verschiedenartigen Unfallgefahren.

Zum Herstellen und Montieren von Geländern müssen eine Reihe von Vorschriften, DIN-Normen und Herstellerrichtlinien beachtet werden. So fordert z.B. die VOB Teil B (Verdingungsordnung für Bauleistungen) §4 - Ausführung - Pkt.2(1):

„Der Auftragnehmer hat die Leistung unter eigener Verantwortung nach dem Vertrag auszuführen. Dabei hat er die anerkannten Regeln der Technik und die gesetzlichen und behördlichen Bestimmungen zu beachten…"

Nach VOB Teil B §4, Punkt. 3 heißt es:

„Hat der Auftragnehmer Bedenken gegen die vorgesehene Art der Ausführung (auch wegen der Sicherung gegen Unfallgefahren), gegen die Güte der vom Auftraggeber gelieferten Stoffe oder Bauteile oder gegen die Leistungen anderer Unternehmer, so hat er sie dem Auftraggeber unverzüglich, möglichst schon vor Beginn der Arbeiten, schriftlich mitzuteilen".

Die vorliegende Schrift bezieht sich auf die 16 Landesbauordnungen (LBO) sowie auf weitergehende Vorschriften für den gewerblichen Bereich. Sie gilt für Geländer beliebiger Bauart aus Metall und deren Kombinationen.

In dieser Richtlinie nicht behandelt, aber besonders zu erwähnen sind Geländer auf Brücken (BMVBS: Gel 3 – 18), neben Radwegen (mind. 1,20 m hoch) und auf Schiffen.

Diese Schrift soll Planer, Baubehörden und Fachbetriebe bei der Planung, Fertigung und Montage von Geländern unterstützen.

In der vorliegenden Schrift werden zur Planung, Bemessung, konstruktiven Ausbildung und Montage von Geländern und Umwehrungen Informationen gegeben, und die Verankerung der Geländer behandelt.

Zusätzliche Belastungen aus z.B. über dem Geländer angeordneten Verglasungen, Markisen, Sichtschutz usw. sind statisch und konstruktiv nicht berücksichtigt.

Baurecht vs. Haftungsrecht

In dieser Richtlinie werden Verordnungen, Normen und technische Empfehlungen in Zusammenhang mit Geländern und Umwehrungen behandelt. Darüber hinaus ist jeder Metallbauer gut beraten, auch haftungsrechtliche Aspekte zu berücksichtigen. Auch bei Einhaltung aller Vorschriften ist eine Haftung des Herstellers zum Beispiel bei Unfällen nicht auszuschließen.

Rahmenbedingungen

Treppen müssen einen festen und griffsicheren Handlauf haben (s. § 34 Abs. 6 S. 1 MBO - Musterbauordnung). Zudem sind nach § 38 Abs. 1, 6. MBO die freien Seiten von Treppenläufen, Treppenabsätzen und Treppenöffnungen (Treppenaugen) zu umwehren oder mit Brüstungen zu versehen.

Weitere Anforderungen an ein Geländer sind in der MBO nicht zu finden. Anforderungen an Treppen und Geländer sind – neben der DIN 1055-3, wo es um Eigen- und Nutzlasten (früher: Verkehrslasten) geht - insbesondere in der DIN 18065 zu finden.

Die in – mit Ausnahme von Nordrhein-Westfalen – allen Bundesländern als technische Baubestimmung bauaufsichtlich eingeführte DIN 18065 regelt unter Ziffer 6.9.3 (Treppengeländer mit Öffnungen):
- dass in Gebäuden, in denen mit der Anwesenheit von unbeaufsichtigten Kleinkindern zu rechnen ist, Treppen-

geländer so zu gestalten sind, dass ein Überklettern des Treppengeländers durch Kleinkinder erschwert wird. Dabei darf der lichte Abstand von Geländerteilen in einer Richtung – im belasteten Zustand – nicht mehr als 12 cm betragen. Dies gilt nicht für Wohngebäude mit nicht mehr als zwei Wohnungen (siehe DIN 18065 Tabelle 1, Zeile 1 bis 3 und Zeile 5).

Die Anwendung der DIN 18065 auf Treppen in Wohngebäuden der Gebäudeklasse 1 und 2 (das sind freistehende Häuser und Doppelhäuser von bestimmter Maximalhöhe und –fläche, s. § 2 Abs. 3 MBO) und in Wohnungen ist allerdings von der bauaufsichtlichen Einführung nach Anlage 7.1/1 der Muster-Liste der Technischen Baubestimmungen ausgenommen.

Einige Architekten, Planer und auch Metallbauer leiten aus dieser Anwendungsausnahme für Wohngebäude mit nicht mehr als zwei Nutzungseinheiten eine umfassende gestalterische Freiheit beim Geländerbau (z.B. Geländer ohne Füllung) her.

Stimmt diese Auffassung?

Stellungnahme zu der Frage, ob ein Metallbauer dem Wunsch eines Kunden nachkommen darf, er möge ein Geländer ohne Füllung, z.B. nur mit Pfosten und Handlauf bauen.

Die LBO's sowie die bauaufsichtlich eingeführten technischen Baubestimmungen sind dem Verwaltungsrecht zuzuordnen und treffen Aussagen zur öffentlich-rechtlichen Zulässigkeit von Bauvorhaben (Bauordnungsrecht). Das Bauordnungsrecht dient der Gefahrenabwehr, der Gewährleistung gewisser sozialer Mindeststandards sowie der Durchsetzung der Bauleitplanung. Vorrangiges Ziel des Bauordnungsrechts ist nicht die Sicherstellung zivilrechtlicher Ansprüche (wie die Sachmängelhaftung). Rückschlüsse auf eine zivilrechtliche Vertragsgerechtheit lassen sich nur im Falle von Verstößen gegen bauordnungsrechtliche Normen herleiten, jedoch nicht umgekehrt.
Umgekehrt, d.h. aus dem Umstand, dass das Bauordnungsrecht einen bestimmten Sachverhalt keiner Regelung unterworfen hat, lassen sich keinerlei Rückschlüsse auf eine zivilrechtliche Vertragsgerechtigkeit ziehen!

Frei von Sachmängeln ist eine Werkleistung nach § 633 Abs. 1 Nr. 1 BGB dann, wenn sie
die vereinbarte Beschaffenheit hat.
Nach § 13 Ziffer 1 VOB/B ist die Leistung zur Zeit der Abnahme frei von Sachmängeln, wenn sie die vereinbarte Beschaffenheit hat und den anerkannten Regeln der Technik entspricht.

Beiden Rechtsgrundlagen liegt für die Frage der vertragsgemäßen Erfüllung der subjektive Fehlerbegriff zugrunde.

Es ist jedoch falsch anzunehmen, dass eine vertragsgemäße Erfüllung gegenüber einem Kunden eingetreten ist, wenn der Kunde genau die vereinbarte Ausführungsart erhalten hat.

Im Fehlerbegriff wird nach ständiger Rechtsprechung nämlich das subjektive Element durch ein objektives und ein funktionales Element ergänzt.

In dem in der VOB zu findenden Wortlaut hat diese funktionale Ausrichtung des Mangelbegriffs auch seinen Niederschlag gefunden, indem dort zusätzlich gefordert wird, dass das Werk den anerkannten Regeln der Technik entsprechen muss.

Die Rechtsprechung nimmt also auch in diesen Fällen immer dann einen Mangel an, wenn ein Schadensrisiko zu bejahen ist oder eine Beeinträchtigung der Gebrauchstauglichkeit entstanden ist.

So hat der BGH (BGH BauR 2000, 411) entschieden, dass der Auftragnehmer die vereinbarte Funktionstauglichkeit schuldet, selbst wenn der Erfolg mit der vertraglich vereinbarten Ausführungsart gar nicht zu erreichen ist (so auch OLG Rostock BauR 2005, 441).

Und in der Kommentierung des Ingenstau-Korbion (§ 13 VOB/B Rn. 13) ist hierzu ergänzend zu lesen, dass eine diesbezügliche Risikoübernahme seitens des Bauherrn in Gestalt einer unzureichenden Funktionalität nur ganz ausnahmsweise angenommen werden kann.

Kurz gesagt: Funktionstauglichkeit geht im Regelfall vertraglichen Abreden vor!

Was bedeutet dies für das oben beschriebene Geländer, das keine Füllung hat?

Ein Geländer dient der Absturzsicherung oder ist ein Personenführungselement.

Anders als ein Handlauf, welcher in erster Linie die Funktion der Personenführung innehat, dient ein Geländer an den freien Seiten von Treppenläufen, Treppenabsätzen und Treppenöffnungen vorrangig der Absturzsicherung.

Ein Geländer, welches im Falle eines Sturzes einer Person keinerlei Halt bietet, weil eine Person unter einem Handlauf oder zwischen Handlauf und einem unten parallel zum Handlauf verlaufenden Füllstab ungebremst hindurchrutschen kann, ist als Absturzsicherung funktionsuntauglich. Ein solches Geländer ist damit mangelhaft.

Kann sich ein Metallbauer „freizeichnen", wenn er beim Auftraggeber nach § 4 Nr. 3 VOB/B Bedenken anmeldet und dieser dennoch auf die Ausführungsart besteht (§ 13 Nr. 3 VOB/B)?

Die Antwort lautet: Nein!

Denn das Gebot einer Absturzsicherung ist gesetzlich normiert (§ 38 Abs. 1 MBO: In, an und auf baulichen Anlagen sind zu umwehren oder mit Brüstungen zu versehen: ... 6. die freien Seiten von Treppenläufen, Treppenabsätzen und Treppenöffnungen (Treppenaugen)).

Eine entgegenstehende Abrede des Inhalts, auf eine ausreichende Absturzsicherung der freien Seiten einer Treppe zu verzichten, stellt einen Verstoß gegen ein gesetzliches Verbot dar. Eine solche Abrede zwischen Metallbauer und Auftraggeber ist daher nach § 134 BGB (Gesetzliches Verbot) und den entsprechenden Paragraphen der jeweiligen LBO nichtig.

Die Anmeldung von Bedenken bei Verstoß gegen ein gesetzliches Verbot führt damit nicht zu einer Risikoüberwälzung auf den Auftraggeber und vermag den Auftragnehmer daher auch nicht zu entlasten.

Dies gilt ebenfalls im Hinblick auf Anordnungen des Auftraggebers:

- auf eine Absturzsicherung gänzlich zu verzichten
- oder auch ein Geländer ohne Füllung zu bauen und zu montieren. Der Grund besteht darin, dass keine ausreichende Absturzsicherung gegeben ist.
- Ähnliches dürfte hinsichtlich der Gestaltung von Füllstäben gelten, deren lichte Weite Kleinkindern ein Durchklettern noch ermöglicht oder überhaupt ein Überklettern möglich macht. Auch in diesen Fällen ist keine ausreichende Absturzsicherung gegeben.

Eine Risikoüberwälzung durch Anmeldung von Bedenken und Freigabe durch den Auftraggeber führt nicht zum Wegfall einer Haftung des Auftragnehmers.

Einem Auftragnehmer ist daher dringend anzuraten, die Vorgaben der DIN 18065 auch für Wohngebäude mit nicht mehr als zwei Nutzungseinheiten einzuhalten!

In den folgenden Abschnitten der Geländer-Richtlinie werden die möglichen Verankerungsarten eines Geländers, die Geländerbestandteile und geometrische Abmaße definiert.

Herstellerqualifikation

Gemäß DIN 18800-7 „Stahlbauten - Ausführung und Herstellerqualifikation" müssen Betriebe, die Geländer anfertigen, im Besitz einer entsprechenden Herstellerqualifikation sein (früher: Kleiner oder Großer Eignungsnachweis).

Grundsätzlich kennt die DIN 18800-7 fünf Klassen (A bis E) von Herstellerqualifikationen. Die Klasse für das Herstellen von Geländern richtet sich nach der geforderten Horizontallast in Holmhöhe.

Geländer mit einer Horizontallast bis zu 0,5 kN/m (nach DIN 1055-3) können mit der Herstellerqualifikation Klasse A geschweißt werden, d.h. dass insbesondere Schweißer einzusetzen sind, die im Besitz einer gültigen Schweißerprüfung für den angewendeten Schweißprozess sein müssen. Für Geländer mit einer größeren Horizontallast braucht der ausführende Betrieb mindestens die Herstellerqualifikation Klasse B.

Ebenso sind die werkstoffabhängigen bauaufsichtlichen Zulassungen zu beachten, z.B. für nichtrostende Stähle gemäß Zulassungs-Nr. Z-30.3-6. Hier sind insbesondere die Anforderungen an die Schweißbetriebe (Punkt 4.7.1 der Zulassung „Herstellerqualifikation der Schweißbetriebe") zu beachten.

Für das Schweißen von Aluminium im bauaufsichtlichen Bereich ist ein gesonderter Eignungsnachweis nach DIN V 4113-3 „Aluminiumkonstruktionen unter vorwiegend ruhender Belastung – Ausführung und Herstellerqualifikation" erforderlich.

Konstruktive und statische Anforderungen

Die beiden Hauptabschnitte der Geländer-Richtlinie behandeln die konstruktiven und die statischen Anforderungen an Umwehrungen. Hierbei ist zwischen den unterschiedlichen Nutzungsbereichen (Wohnbereich, öffentlicher oder gewerblicher Bereich) zu unterscheiden. Wie schon oben erwähnt, müssen alle Geländer so gestaltet werden, dass Personen nicht durchfallen können.

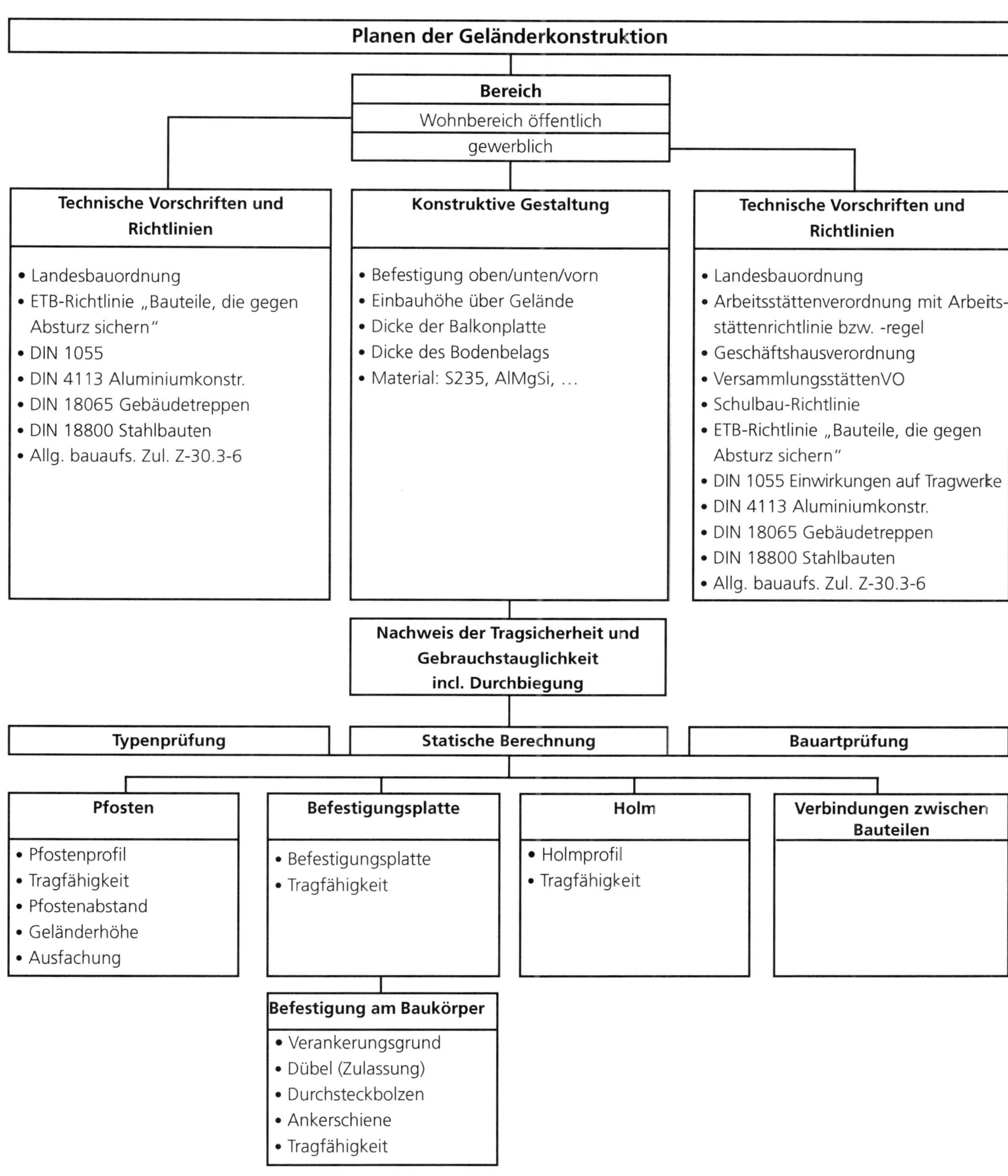

Ferner muss die Absturzhöhe, das Erschweren des Übersteigens und die Vermittelung eines sicheren Gefühls (Begrenzung der Durchbiegung auf max. 30 mm in horizontaler Richtung) beachtet werden.

Aussagen über die Verankerung, die Geländerfüllungen (Stäbe, Gläser, Geländerbekleidungen nach TRAV und ETB-Richtlinie) werden ebenso behandelt, wie die Werkstoffe und dessen Korrosionsverhalten der zu fertigen Geländerteile.

Die einzuhaltenden geometrischen Abmaße aus den Landesbauordnungen und die vorgeschriebene charakteristische Holmlast bezogen auf die Nutzung sind tabellarisch in der Richtlinie aufgeführt.

Geltende Bauordnung		Geländer-/Umwehrungshöhe h (cm) bei Absturzhöhen* von...(m)		Sonstige Hinweise (cm)			
		< 12	> 12	a	b	c	d
Baden-Württemberg Fassung August 1995, zuletzt geändert April 2007	-	90 (§ 4 LBOAVO)	90	12	6	bis 0,6 m:2	x
Bayern Fassung August 2007	§ 36	Umwehrungen müssen ausreichend hoch und fest sein					x
Berlin Fassung September 2005, zuletzt geändert Juni 2007	§ 38	90	110	12	4	-	x
Brandenburg Fassung Juli 2003, zuletzt geändert Juni 2006	§ 33	90	110	-	-	-	-
Bremen Fassung März 1995, zuletzt geändert April 2003	§ 19	100 Wohnnutzung 90	110	12	-	bis 0,5 m:2	x
Hamburg Fassung Juli 1986, zuletzt geändert Dez. 2005	§ 36	90	-	-	-	-	-
Hessen Fassung Juni 2002, zuletzt geändert Sept. 2005 in Verbindung mit den Handlungsempfehlungen zur HBO, Fassung August 2006	§ 35	90	110		4	1,5	x
Mecklenburg-Vorpommern Fassung April 2006	§ 38	90	110	12	-	-	-
Niedersachsen Fassung Februar 2003, zuletzt geändert Juli 2007	-	90 (§ 4 DVNBauO)	110	12	6	-	x
Nordrhein-Westfalen Fassung März 2000, zuletzt geändert März 2007	§ 41	90	110	12	-	-	-
Rheinland-Pfalz Fassung November 1998, zuletzt geändert Juli 2007	§ 38	90	110	-	-	-	-
Saarland Fassung Februar 2004, zuletzt geändert Juli 2004	§ 38	90	110	-	4		x
Sachsen Fassung Mai 2004,	§ 38	90	110	12	-	-	-
Sachsen-Anhalt Fassung Dezember 2005	§ 37	90	110	-	-	-	-
Schleswig-Holstein Fassung Januar 2000, zuletzt geändert Dez. 2007	§ 43	90	110	-	-	-	-
Thüringen Fassung März 2004	§ 36	90	110	-	-	-	x

a: max. Abstand von Geländerteilen in einer Richtung

b: max. waagerechter Abstand des Geländers von der zu sichernden Fläche

c: max. Höhe waagerechter Zwischenräume bis zu einer Höhe der Umwehrung von 50/60 cm über der zu sichernden Fläche

d: Bei Anwesenheit von (unbeaufsichtigten) (Klein-) Kindern: Überklettern erschweren bzw. nicht erleichtern

* Die Absturzhöhe wird gemessen von der Oberkante des Fertigfußbodens (OKFF)

Enthalten die Bauordnungen keine Anforderungen, gilt die DIN 18065!

DIN 1055-3 (2006-03) gibt in Kapitel 7 Auskunft über die charakteristischen horizontalen Nutzlasten infolge von Personen auf Brüstungen und für Geländer. Die Einwirkung soll in Höhe des Handlaufes, aber nicht höher als 1,20 m angesetzt werden. Die Nutzlasten sind in Absturzrichtung in voller Höhe und in Gegenrichtung mit 50% (mindestens jedoch 0,5 kN/m) anzusetzen.

Bei den statischen Anforderungen wurde insbesondere Wert auf die grafische Ermittlung der Windlasten gelegt. Zur Dimensionierung der Pfostengröße muss die größere Last (charakteristische Holmlast oder Windlast) zur Berechnung gewählt werden. Einzige Ausnahme sind die Fluchttreppen, bei denen Wind- und Holmlast überlagert werden.

Zeile	Kategorie		Nutzung	Beispiele	Horizontale Nutzlast qk kN/m
1	A	A1	Spitzböden	Für Wohnzwecke nicht geeigneter, aber zugänglicher Dachraum bis 1,80 m lichter Höhe	0,5
2		A2	Wohn- und Aufenthaltsräume	Räume mit ausreichender Querverteilung der Lasten. Räume und Flure in Wohngebäuden, Bettenräume in Krankenhäusern, Hotelzimmer einschl. zugehöriger Küchen und Bäder.	
3		A3		wie A2, aber ohne ausreichende Querverteilung der Lasten	
4	B	B1	Büroflächen, Arbeitsflächen, Flure	Flure in Bürogebäuden, Büroflächen, Arztpraxen, Stationsräume, Aufenthaltsräume einschl. der Flure, Kleinviehställe	0,5
5		B2		Flure in Krankenhäusern, Hotels, Altenheimen, Internaten usw.; Küchen u. Behandlungsräume einschl. Operationsräume ohne schweres Gerät	1,0
6		B3		wie B2, jedoch mit schwerem Gerät	
7	C	C1	Räume, Versammlungsräume und Flächen, die der Ansammlung von Personen dienen können (mit Ausnahme von unter A, B, D und E festgelegten Kategorien).	Flächen mit Tischen; z. B. Schulräume, Cafés, Restaurants, Speisesäle, Lesesäle, Empfangsräume	1,0
8		C2		Flächen mit fester Bestuhlung: z. B. Flächen in Kirchen, Theatern oder Kinos, Kongresssäle, Hörsäle, Versammlungsräume, Wartesäle	
9		C3		Frei begehbare Flächen; z. B. Museumsflächen, Ausstellungsflächen usw. und Eingangsbereiche in öffentlichen Gebäuden und Hotels, nicht befahrbare Hofkellerdecken	
10		C4		Sport- und Spielflächen; z. B. Tanzsäle, Sporthallen, Gymnastik- und Kraftsporträume, Bühnen	
11		C5		Flächen für große Menschenansammlungen; z.B. in Gebäuden wie Konzertsäle, Terrassen und Eingangsbereiche sowie Tribünen mit fester Bestuhlung	2,0
12	D	D1	Verkaufsräume	Flächen von Verkaufsräumen bis 50 m² Grundfläche in Wohn-, Büro- und vergleichbaren Gebäuden	1,0
13		D2		Flächen in Einzelhandelsgeschäften und Warenhäusern	
14		D3		Flächen wie D2, jedoch mit erhöhten Einzellasten infolge hoher Lagerregale	
15	E	E1	Fabriken und Werkstätten, Ställe, Lagerräume und Zugänge, Flächen mit erheblichen Menschenansammlungen	Flächen in Fabriken und Werkstätten mit leichtem Betrieb und Flächen in Großviehställen	1,0
16		E2		Lagerflächen, einschließlich Bibliotheken	
17		E3		Flächen in Fabriken und Werkstätten mit mittlerem oder schwerem Betrieb, Flächen mit regelmäßiger Nutzung durch erhebliche Menschenansammlungen, Tribünen ohne feste Bestuhlung	2,0
18	F		Verkehrs- und Parkflächen für leichte Fahrzeuge (Gesamtlast ≤ 25kN) Zufahrtsrampen		0,5[1]
19	G		Flächen mit Betrieb von Gegengewichtsstaplern		1,0[1]

Zeile	Kategorie		Nutzung	Beispiele	Horizontale Nutzlast qk kN/m
20	H		Nicht begehbare Dächer, außer für übliche Erhaltungsmaßnahmen		0,5
21	K		Flächen für Hubschrauberlandeplätze		1,0
22		T1	Treppen und Treppenpodeste	Treppen und Treppenpodeste der Kategorien A und B1 (auch Fluchtwege)	0,5
23	T	T2		Treppen und Treppenpodest der Kategorien B2 bis E sowie alle Treppen, die als Fluchtweg dienen (ohne A und B1); mit Ausnahmen der Treppen und Treppenpodesten, die sich in Gebäuden der Kategorie C5 und E3 befinden.	1,0
24		T3		Zugänge und Treppen von Tribünen ohne feste Sitzplätze, die als Fluchtweg dienen.	2,0
25	Z		Zugänge, Balkone und Ähnliches	Dachterrassen, Laubengänge, Loggien usw., Balkone, Ausstiegspodeste.	0,5/1,0/2,0[2]

[1] Anprall wird durch konstruktive Maßnahmen ausgeschlossen.

[2] entsprechend der Kategorie des Gebäudeteiles

Die Berechnung der Windlast laut Norm ist jedoch relativ aufwändig und stellt insbesondere bei der überschlägigen Vordimensionierung für die Angebotsabgabe ein Problem dar.

Weiterhelfen können hierbei die Grafiken der Geländer-Richtlinie bezogen auf die deutschen Windlastzonen, mit denen eine schnelle Ermittlung der Widerstandsmomente und damit eine Dimensionierung der Pfosten möglich ist.

Einfache Beispiele für die statischen Nachweise nach DIN 18800 und Z-30.3-6, sowie über die Gebrauchstauglichkeit runden das Kapitel über statische Anforderungen ab.

Für Querleser und „Nichtrechner" gibt es am Ende der Richtlinie die „Zehn Goldenen Regeln" für die Geländerverankerung, sowie eine Checkliste für die Geländerverankerung als Kopiervorlage, mit deren Hilfe die namhaften Dübelhersteller die Bemessung der Dübel und Pfosten durchführen können.

Dipl.-Ing./SFI Frank Kania
Bundesverband Metall

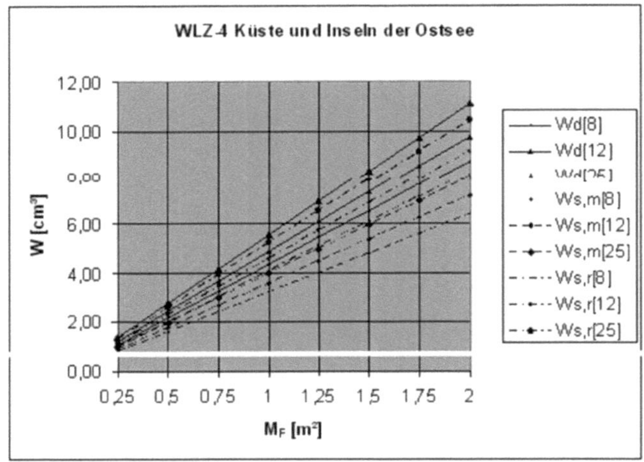

Beispiel: Windlastzone 4 Küste und Inseln Ostsee

Glas im Bauwesen
– Grundlagen und Erläuterungen zu den aktuellen
Regelwerken für die Verwendung von Glas im Bauwesen

Regelwerke für Glas im Bauwesen

Für die Bemessung und Konstruktion von Bauteilen aus Glas existieren zurzeit keine Grundnormen, wie z. B. DIN 18800 für Stahlbauten, DIN 1045 für Stahlbetonbauten oder DIN 4113 für Aluminiumkonstruktionen.

Der Normenausschuss Bau erarbeitet zurzeit eine Normenreihe, DIN 18008 „Glas im Bauwesen", Bemessungs- und Konstruktionsregeln.

Nach dem derzeitigen Stand sind folgende Teile vorgesehen:

- Teil 1: Begriffe und allgemeine Grundlagen
- Teil 2: Linienförmig gelagerte Verglasungen
- Teil 3: Punktförmig gelagerte Verglasungen
- Teil 4: Zusatzanforderungen an
    absturzsichernde Verglasungen
- Teil 5: Zusatzanforderungen an
    begehbare Verglasungen
- Teil 6: Zusatzanforderungen an zu Reinigungs- und
    Wartungszwecken betretbare Verglasungen
- Teil 7: Sonderkonstruktionen.

Weitere Teile wie Schaufensterverglasungen, Großaquarien, Träger, Stützen, Hochhäuser usw. sollen folgen.
Es darf davon ausgegangen werden, dass die wesentlichen Teile dieser Normenreihe in den kommenden Jahren als Technische Baubestimmung baurechtlich eingeführt werden. Die Teile 1+2 liegen bereits im Weißdruck vor.

Nachstehend werden die zurzeit vorliegenden Regelwerke erläutert:

DIN 18056 „Fensterwände"

Diese Norm regelt die Konstruktion und Ausführung von Fensterwänden und artgleichen Konstruktionen ab einer Größe von 9 m². Die im Jahre 1966 erschienene Norm gilt inzwischen als veraltet. Sie berücksichtigt weder Mehrscheibenisolierglas (MIG) noch Verglasungen aus ESG und/oder VSG. Sie ist inzwischen auch nicht mehr in der Liste der Technischen Baubestimmungen enthalten und daher bauordnungsrechtlich nicht mehr verbindlich. In der VOB (Ausgabe 2006) DIN 18361; Verglasungs-

arbeiten, wird sie jedoch nach wie vor zitiert, so dass sie vertragsrechtlich immer noch relevant ist, sofern die VOB/C vereinbart ist.

DIN 18516, Teil 4
„hinterlüftete Außenwandbekleidungen aus Einscheibensicherheitsglas" 1)

Diese Norm hat einen sehr eingeschränkten Anwendungsbereich. Sie regelt, wie es die Bezeichnung schon ausdrückt, ausschließlich hinterlüftete Außenwandbekleidungen aus ESG mit punkt- und/oder linienförmiger Scheibenrandlagerung.
Wenn hier neben der linienförmigen Scheibenlagerung auch von punktförmiger Lagerung die Rede ist, gilt dies ausdrücklich nur für solche Punkthalter, die den Scheibenrand klemmen. In Bohrungen sitzende Punkthalter fallen nicht unter den Anwendungsbereich dieser Norm (siehe dazu die Anlage zur Liste der Technischen Baubestimmungen).

1) Anmerkung des Verfassers: ESG-Scheiben verfügen grundsätzlich nicht über eine Restragfähigkeit nach Bruch. Eine Gefährdung von Personen, die sich unterhalb solcher Außenwandbekleidungen (Verkehrsflächen) aufhalten, kann nicht ausgeschlossen werden.

„Technische Regeln für die Verwendung von linienförmig gelagerten Verglasungen" (TRLV)

Dieses Regelwerk wurde im Jahre 1998 vom Deutschen Institut für Bautechnik, Berlin (DIBt) veröffentlicht. Es handelt sich hierbei um ein in allen Bundesländern als Technische Baubestimmung eingeführtes Regelwerk und ist somit für die Verwendung von linienförmig gelagerten Verglasungen verbindlich. Es beinhaltet Regelungen zu linienförmig gelagerten Vertikalverglasungen und Überkopfverglasungen aus Einfachverglasungen und Verglasungen aus Mehrscheibenisolierglas (MIG).

Inzwischen liegen die TRLV in der überarbeiteten Fassung August 2006 vor und wurden in die Liste der Technischen Baubestimmungen der einzelnen Bundesländer aufgenommen. Damit ist diese Technische Regel baurechtlich eingeführt und für die Verwendung von linienförmig gelagerten Verglasungen verbindlich. Wesentliche Neuerung gegenüber den TRLV 9/98 ist die Aufnahme von Regelungen zu begehbare Verglasungen. Hierbei handelt es sich um allseitig, durchgehend linienförmig gelagerte Verglasungen wie Treppenstufen oder Podestelemente mit Abmessungen von max. 1.500 x 400 mm.

„Technische Regeln für die Verwendung von absturzsichernden Verglasungen" (TRAV)

Dieses Regelwerk wurde im Januar 2003 in seiner endgültigen Fassung vom DIBt veröffentlicht und ist in allen Bundesländern als Technische Baubestimmung eingeführt. Es beinhaltet Regelungen zu Vertikalverglasungen die Personen vor Absturz sichern.

„Technische Regeln für die Bemessung und Ausführung punktförmig gelagerter Verglasungen" (TRPV)

Die TRPV regeln die Bemessung und Ausführung ebener, punktförmig und punkt- und linienförmig d.h. gemischtförmig gelagerter Vertikalverglasungen und Überkopfverglasungen. Der Geltungsbereich beschränkt sich auf Verglasungen deren Oberkante bis max. 20 m über Gelände zum Einbau kommen und deren Abmessungen max. 2.500x3.000mm betragen.

Erläuterungen zu den TRLV

Geltungsbereich

Die TRLV regeln die Verwendung von Vertikal- und Überkopfverglasungen. Ist die Verglasung mehr als 10° zur Lotrechten im eingebauten Zustand geneigt, handelt es sich um eine Überkopfverglasung. In allen anderen Fällen liegt eine Vertikalverglasung vor. Die besonderen Regelungen für Überkopfverglasungen sind auch bei Vertikalverglasungen anzuwenden, sofern diese durch länger anhaltende Einwirkungen, wie z. B. Schnee, belastet werden. Dies kann z. B. bei Shed-Verglasungen der Fall sein.

Die Lagerungsart muss jeweils beidseitig durchgehend linienförmig sein; bei Überkopfverglasungen auch für nach oben gerichtete Einwirkungen, z. B Sogbeanspruchungen infolge Wind. Diese Lagerungsart wird in der Regel durch Glasandruckleisten aus hinreichend steifen Metallprofilen sichergestellt.

Die TRLV gelten nicht für geklebte Fassadenelemente (Stuctural glazing) und solche, die planmäßig zur Aussteifung in Scheibenebene herangezogen werden und gekrümmte Überkopfverglasungen.

Die Verwendung gekrümmter Vertikalverglasungen ist nicht ausgeschlossen. Die Bauregelliste (BRL) A Teil 1 führt jedoch keine Produktnormen für gekrümmte Verglasungen, so dass auch gekrümmten Vertikalverglasungen im baurechtlichen Sinne als nicht geregelt einzustufen sind und deren Verwendung eine Zustimmung im Einzelfall (ZiE) oder eine Allgemeine Bauaufsichtliche Zulassung (abZ) erfordert.

Verglasungen von Kulturgewächshäusern sowie alle Vertikalverglasungen, deren Oberkanten nicht mehr als 4 m über der angrenzenden Verkehrsfläche liegen („4 Meter-Regel"), z. B. Schaufensterverglasungen, sind von den Regelungen der TRLV freigestellt.

Damit wird dem geringeren Verletzungsrisiko solcher Verglasungen Rechnung getragen. Es dürfen danach Vertikalverglasungen auch aus Spiegelglas ausgeführt werden, selbst wenn sie nicht allseitig linienförmig gelagert sind, was sonst für grob brechende Glasarten wie Spiegelglas, Gussglas und Verbundglas nicht zulässig ist.

Glasarten

Folgende Glaserzeugnisse dürfen im Rahmen der TRLV verwendet wenden:

- Spiegelglas (SPG, auch Floatglas genannt)
- Gussglas (Drahtglas, Ornamentglas, Drahtornamentglas)
- Einscheibensicherheitsglas (ESG)
- Heißgelagertes Einscheiben-Sicherheitsglas (ESG-H) aus SPG
- Teilvorbespanntes Glas (TVG) mit abZ
- Emailliertes ESG aus SPG
- Emaillertes TVG aus SPG mit abZ
- Verbundsicherheitsglas (VSG) mit PVB-Folie
- Verbundglas (VG), z. B. Gießharzverbund

VSG darf aus allen vor genannten Glasarten (außer VG) auch kombiniert hergestellt werden. Dabei dürfen andere Zwischenfolien als PVB verwendet werden, sofern deren Verwendbarkeit durch eine abZ nachgewiesen ist (z. B. SPG-Glas).

Festigkeitsmindernde Oberflächenbehandlungen wie z. B. Sandstrahlen oder Ätzen, sind im Rahmen der Verwendung nach den TRLV nicht zugelassen. Oberflächenbehandlungen wie Lackierungen oder Funktionsbeschichtungen (Sonnenschutzglas u.a.) fallen nicht unter das vor genannte Verwendungsverbot.

Allgemeine Anwendungsbedingungen

- Die Durchbiegung der Auflagerprofile ist beschränkt auf max. L/200stel, bzw max. 15 mm. (L bezieht sich die Länge der aufzulagernden Glaskante). Damit kann näherungsweise eine starre Glaslagerung angenommen werden
- Linienförmige Lagerung beidseitig zur Scheibenebene, auch für Windsogeinwirkung
- Kein Kontakt zwischen Glas und anderen harten Werkstoffen (z.B. Metall od. Stein)
- Sicherung der Scheiben gegen Verrutschen durch geeignetes Klotzen. (Siehe hierzu die Technische Richtlinie des Glaserhandwerks Nr. 19, linienförmig gelagerte Verglasungen)
- Freie Kanten von Drahtglas dürfen nur ausgeführt werden, wenn sie abtrocknen können, da sonst mit Korrosion der freiliegenden Drahteinlagen und Schädigung der betreffenden Glaskante zu rechnen ist
- Ausreichender Glaseinstand ist auch unter Einwirkungen sicherzustellen. Vorgaben dazu sind DIN 18545, Teil 1, bzw. DIN 18516, Teil 4 zu entnehmen

Lagerungsvarianten von Vertikal- und Überkopfverglasungen (Beispiele)

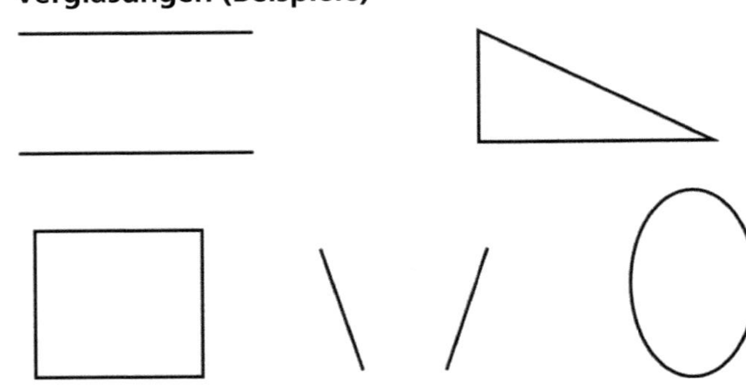

Bild 1

Zusätzliche Regelungen für Vertikalverglasungen

Einfachverglasungen aus Spiegelglas, Ornamentglas oder Verbundglas (d. h. Glasarten, die ein grobes Bruchbild aufweisen) sind als Vertikalverglasung nur bei *allseitiger* Lagerung zulässig. Ausnahmen sind nach der „4 Meter-Regel" zulässig.

Nicht heißgelagertes ESG (siehe BRL lfd. Nr. 11.12) ist nur zulässig, wenn deren Oberkante nicht mehr als 4 m über Verkehrsflächen liegt und Personen nicht direkt unter die Verglasung treten können. In allen anderen Fällen ist heißgelagertes ESG nach BRL lfd. Nr. 11.13 zu verwenden. Dies gilt z.B. für Verglasungen von Ganzglasanlage oberhalb der Türen und für die Außenscheiben von Mehrscheiben-Isolierverglasungen (MIG).
Bohrungen und Ausschnitte sind nur in ESG, ESG-H, TVG mit abZ und VSG zulässig. Die Bruchgefahr nicht vorgespannter Glasarten wie z.B. SPG oder Gussglas ist aufgrund der Kerbwirkung, die sich durch eine Bohrung oder einen Ausschnitt einstellen kann, ungleich höher. Ausnahmen sind nach der „4 Meter- Regel" zulässig.

Nachweiserleichterung für Vertikalverglasungen

Die TRLV sehen für das „einfache Fenster" eine Nachweiserleichterung vor. Unter Einhaltung der nachstehend genannten Randbedingungen entfällt die Verpflichtung, für die Verglasung einen statischen Nachweis zu führen.

Kein statischer Nachweis erforderlich wenn:

- allseitig linienförmig gelagerte Isolierglasscheibe
- Glasart SPG,TVG mit abZ oder ESG und
- Fläche $\leq$ 1,60m² und
- Mindestdicke der Scheiben $\geq$ 4,0mm und
- Dickendifferenz $\leq$ 4,0mm und
- SZR $\leq$ 16,0mm und

- Windlast $\leq$ 0,8kN/m²
- Bei besonderen Einbaubedingungen (siehe TRLV Tabelle B 1), gilt diese Nachweiserleichterung nicht.

Die vor genannten Bedingungen werden bei den üblichen Standardverglasungen (Lochfenster) oft eingehalten, so dass dann bauordnungsrechtlich kein statischer Nachweis erforderlich ist.

Die Nachweiserleichterung erlaubt die Verwendung der beschriebenen Verglasung ohne, dass seitens der Bauaufsichtsbehörde ein Standsicherheitsnachweis verlangt wird. Es bleibt jedoch angeraten, die Glasbemessung für die auftretenden Beanspruchungen statisch auszulegen; dies allein aus zivilrechtlichen Haftungsgründen.

Zusätzliche Regelungen für Überkopfverglasungen

Einfachverglasungen und die untere Scheibe von Isolierverglasungen sind nur aus VSG mit SPG oder VSG aus TVG (mit abZ) oder Drahtglas zulässig. Bei Überkopfverglasungen muss die Verglasung auch nach Glasbruch in ihrer Lage verbleiben, ohne herunter bzw. heraus zu fallen und damit Personen, die sich unterhalb der Verglasung aufhalten könnten, zu gefährden. Diese Eigenschaft der Verglasung wird als sogenannte „ Resttragfähigkeit „ bezeichnet. Glasarten ohne Zwischenschicht (PVB) oder Drahteinlage weisen keine Resttragfähigkeit auf.VSG aus ESG ist für die Verwendung als Einfachverglasung oder die untere Scheibe von Isolierverglasungen aufgrund des kleingliedrigen Bruchbildes von ESG nicht hinreichend resttragfähig und daher für den Überkopfbereich nicht zulässig.

Für Überkopfverglasungen sind folgende *Randbedingungen* einzuhalten:

Bei Stützweiten größer 1,2 m sind die Verglasungen allseitig zu lagern. Das Seitenverhältnis der Glaskanten (lange Kante zu kurze Kante) darf dabei nicht größer als 3:1 sein.
Die für das VSG zu verwendende PVB-Folie (Poly-Venyl-Butyral) muss mind. 0,76 mm dick sein. Bei einer Scheibenstützweite bis 0,8 m und gleichzeitig allseitig linienförmiger Lagerung der betreffenden Scheibe, ist auch eine nur 0,38 mm dicke PVB-Folie zulässig.
Bei Verwendung von Drahtglas ist die Stützweite in Haupttragrichtung auf max. 0,7 m beschränkt. Der Glaseinstand muss hierbei einen Mindestwert von 15 mm aufweisen.

Alle anderen Glaserzeugnisse wie ESG, SPG, VG und Gussglas sind als Einfachverglasung oder als untere Scheibe von Isolierverglasungen im Überkopfbereich nicht zuläss g.
Ausnahme:
Verglasungen von Dachflächenfenstern in Wohnungen und Räumen ähnlicher Nutzung z.B. Büros, Hotels usw., mit einer Lichtfläche (Rahmeninnenmaß) $\leq$1,6 m².

Für die obere Scheibe von Isolierverglasungen sind alle in den „TRLV" genannten Glaserzeugnisse zulässig.

Bei nur zweiseitiger Lagerung sind bei Verwendung spritzbarer Dichtstoffe nur solche zu verwenden, die der Gruppe E nach DIN 18545-2 entsprechen. Für geschraubte Glasandruckprofile bzw. Pressleisten sind auch vorgefertigte Dichtprofile der Gruppen A bis D nach DIN 7863 zulässig.

Ausschnitte und Bohrungen sind in Überkopfverglasungen nicht erlaubt.
Ausnahme: Bohrungen die zur Befestigung durchgehender Glasklemm eisten dienen sind zulässig. Die Bohrlochabstände untereinander sowie zum Glasrand dürfen das Maß von 80 mm nicht unterschreiten. Als Glasart ist für diesen Ausnahmefall ausschließlich VSG aus TVG (mit abZ) zu verwenden.

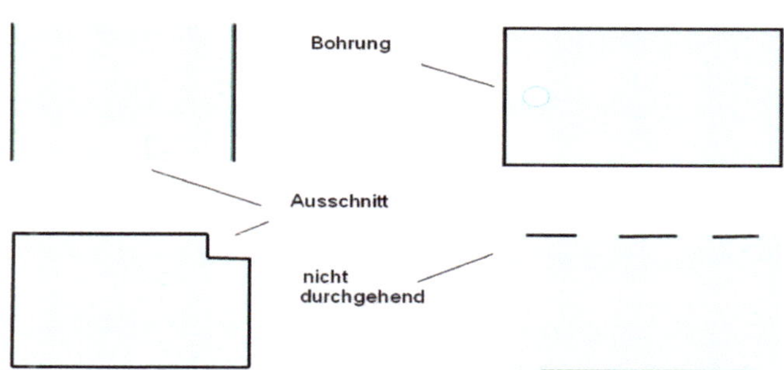

Bild 2   Unzulässige Überkopfverglasungen

Überkopfverglasungen dürfen sowohl parallel und/oder senkrecht zum Linienlager um bis zu 30% der Auflagerlänge, max. 300 mm – seitlich überstehen. (siehe Bild 3)

Die obere Scheibe eines VSG darf über die untere Scheibe bis zu 30 mm überstehen. Damit lassen sich auf einfache Weise Tropfkanten ausbilden.

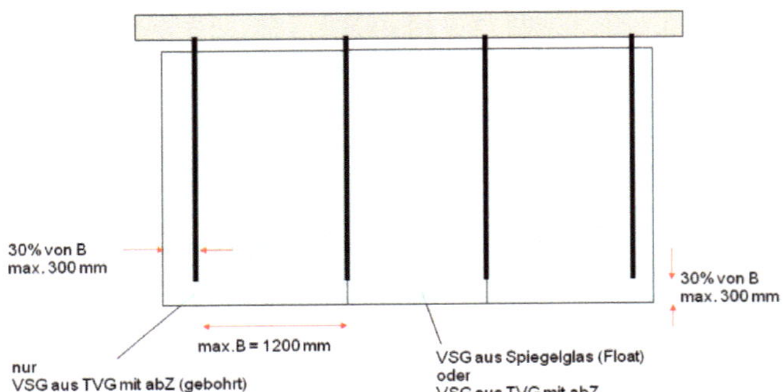

Bild 3 Auskragungen von Überkopfverglasungen

Anstelle einer oberen linienförmigen Lagerung für nach oben gerichtete Einwirkungen, wie z. B. Windsog, darf auch eine punktförmige Randklemmhalterung verwendet werden, deren größter Abstand untereinander max. 300 mm betragen darf. Die Klemmfläche jeder Scheibe muss dabei mind. 1.000 mm² betragen und der Glaseinstand darf nicht kleiner als 25 mm sein (siehe Bild 4).

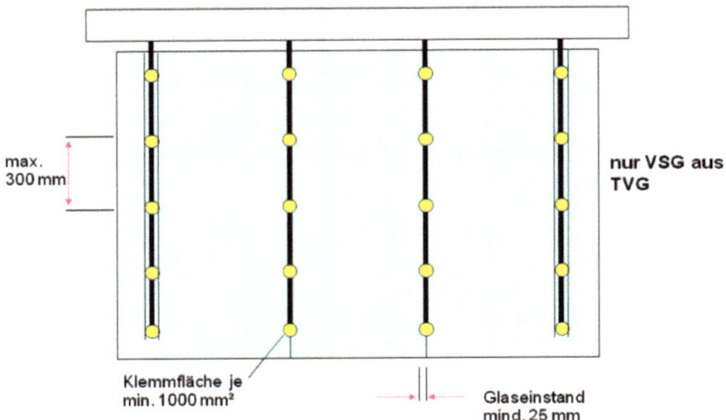

Bild 4

Die „TRLV" gestatten auch Abweichungen von den vorgenannten Regelungen bei Überkopfverglasungen, wenn durch geeignete Maßnahmen das Herabfallen größerer Glasteile auf Verkehrsflächen verhindert wird. Dies kann z. B. durch das Anordnen von Metallnetzen mit einer Maschenweite < 40 mm unterhalb der betreffenden Verglasung erreicht werden.

Ausnahmeregelungen für Überkopfverglasungen

In der Anlage 2.6/1 zur Liste der „Technischen Baubestimmungen" werden folgende Ausnahmeregelungen genannt:
Zu Abschnitt 1 der TRLV; die Regeln brauchen nicht angewendet zu werden auf Dachflächenfenstern, in Wohnungen und Räumen ähnlicher Nutzung (z. B. Hotelzimmer, Büroräume) mit einer Lichtfläche (Rahmeninnenmaß) bis zu 1,6 m².

Zusätzliche Regelungen für betretbare Verglasungen

Gegenüber der ursprünglichen Fassung der TRLV(09/1998) wurden begehbare Verglasungen als Treppenstufen oder Treppenpodeste neu aufgenommen.
Die Verwendung solcher Verglasungen ist an die nachstehenden Bedingungen gebunden:

Abmessungen:	max. 400x1500mm
Form:	rechteckig, oder beliebig innerhalb eines umschreibenden Rechtecks
Glasaufbau:	mind. 3-fach VSG aus (von oben nach unten) 10mm ESG, ESG-H oder TVG 1,52mm PVB 12mm SPG oder TVG 1,52mm PVB 12m SPG oder TVG

Die oberste Scheibe wird für den Spannungsnachweis nicht mit berücksichtigt. Die Lauffläche ist rutschsicher auszuführen. Dies kann z.B. durch Aufbringen eines keramischen Siebdruckes (Email) erfolgen. Es wird darauf hingewiesen, dass sich solche Schichten bei starker Laufbeanspruchung abnutzen und damit ihre Rutschhemmung verlieren können.

Lagerung:
allseitig, durchgehend mit einem Mindestglaseinstand von 30mm. Pressleisten o.ä. sind hierbei nicht erforderlich. In Scheibenebene sind geeignete Halterungen zur Lagesicherung vorzusehen. Die Glaskanten sind zu schützen.

Lastannahmen:
neben den üblichen Einwirkungen nach DIN 1055-3 ist der Lastfall Eigengewicht + Einzellast in ungünstigster Laststellung mit einer Aufstandsfläche von 100x100mm zu untersuchen.
Die Einzellast beträgt 1,5KN für Bereiche die für eine Verkehrslast bis zu 3,5KN/m² auszulegen sind. Darüber hinaus Beträgt die Einzellast 2,0KN.

Beschränkungen:
Die Verglasungen dürfen nicht befahren werden oder Bereichen mit erhöhten Stoßgefahren oder hoher Dauerlast (z.B. Produktionsstätten, Stadien…) mit Verkehrslasten über 5,0KN/m² ausgesetzt sein.

Diese Bedingungen schränken die Verwendung begehbarer Verglasungen nach den TRLV erheblich ein. Begehbare Verglasungen im Allgemeinen gelten im baurechtlichen Sinne als nicht geregelte Bauart, für deren Verwendung eine abZ oder eine ZiE erforderlich ist.

Lastannahmen

Neben den äußeren Lasten wie Eigengewicht, Schnee und Wind sind bei Isolierverglasungen zusätzlich die sogenannten Klimalasten zu berücksichtigen.
Durch das eingeschlossene Gasvolumen im Scheibenzwischenraum (SZR) kommt es infolge der Klimalasten zu zusätzlichen Beanspruchungen der Verglasung, die beim statischen Nachweis zu erfassen und mit den äußeren Lasten zu überlagern sind.

Die Klimalasten setzen sich aus 3 Komponenten zusammen.

ΔT — Temperaturdifferenz zwischen Herstellung und Gebrauch der Verglasung
$\Delta_{p\,met}$ — Differenz des meteorologischen Luftdrucks zwischen Herstellort und Einbauort
ΔH — Differenz der Ortshöhe zwischen Herstellungsort und Einbauort.

Die „TRLV" geben zur Berücksichtigung von Klimalasten zwei Standard–Einwirkungskombinationen vor.

Lasteinwirkungskombination Sommer
Temperaturanstieg $\quad$ + 20 K
Luftdruckabfall $\quad$ 1.030 hPa auf 1.010 hPa
Höhendifferenz zwischen Herstellung und Einbauort $\quad$ + 600 m
Bei dieser Einwirkungskombination kommt es zu einer Ausbauchung des betrachteten Isolierglaspaketes.

Lasteinwirkungskombination Winter
Temperaturabsenkung $\quad$ – 25 K
Luftdruckanstieg $\quad$ 990 hPa auf 1.030 hPa
Höhendifferenz zwischen Herstellung und Einbauort $\quad$ – 300 m
Bei dieser Einwirkungskombination kommt es zu einer Einbauchung der betrachteten Isolierverglasung.

(Tabelle 1, siehe Seite 34)

Sind die jeweiligen Ortshöhen des Herstellungsortes und/oder des Einbauortes bekannt, so sind die tatsächlichen Höhendifferenzen bei der Ermittlung der Klimalasten zu berücksichtigen. Mitunter lassen sich dadurch bei der Bemessung der Isolierverglasungen dünnere Glasauf-

bauten erreichen; dies vor allem bei Isolierverglasungen kleinerer Abmessungen bei denen die Beanspruchungen aus Klimalasten bemessungsbestimmend sein können.

Wenn Isolierverglasungen auf ihrem Transport vom Herstellungsort zum Einbauort über größere Höhen geführt werden (Alpen, Pyrenäen), sollte ein Druckausgleich im SZR über geeignete Ventile vorgenommen werden, da sonst aufgrund des entstehenden Überdrucks im SZR Schäden an der Verglasung bzw. dem Randverbund auftreten können.

Liegen außergewöhnliche Temperaturbedingungen am Einbauort vor, wie z. B.
- Absorptionsgrad der Verglasung, z. B. durch Einfärbung > 30% $\quad$ oder
- Innen liegender Sonnenschutz $\quad$ oder
- Wärmedämmung hinter der Isolierverglasung

ist für den Klimalastanteil ΔT ein höherer Wert einzusetzen.
Kommen Isolierverglasungen in unbeheizten Gebäuden zur Ausführung, ist der Wert für ΔT mit – 12° bei der Einwirkungskombination Winter zu berücksichtigen.
Die jeweiligen Werte hierfür sind der Tabelle B1 (Anhang B der „TRLV") zu entnehmen. Bei der statischen Berechnung sind entweder die Werte für ΔT oder $\Delta p0$ zu berücksichtigen.

(Tabelle 2, siehe Seite 34)

Spannungsnachweise

Die TRLV unterscheiden zulässige Spannungen für Überkopfverglasungen und für Vertikalverglasungen. Bei Spiegelglas, Gussglas und VSG aus Spiegelglas sind die zulässigen Biegezugspannungen für Überkopfverglasungen deutlich geringer als für Vertikalverglasungen. Dies lässt sich mit der unterschiedlichen Lasteinwirkungsdauer zwischen Überkopfverglasungen und Vertikalverglasungen erklären. Aus der Bruchmechanik für Glas ist bekannt, dass Glas unter Dauerlast empfindlicher ist als unter Kurzzeitbelastung.
Das Risswachstum von Mikrorissen und kleinsten Oberflächenschädigungen in der Glasoberfläche ist abhängig von der Lastgröße und Lasteinwirkungsdauer.

Bei Überkopfverglasungen sind Einwirkungen wie Eigengewicht und Schneelasten mit hoher Einwirkungsdauer. Bei Vertikalverglasungen übt die meist maßgebende Einwirkung Wind nur eine kurzzeitige Lasteinwirkung auf die Verglasung aus.

Bei vorgespannten Verglasungen ist diese Abminderung der zulässigen Biegezugspannungen zwischen Vertikalverglasungen und Überkopfverglasungen nicht gegeben. Durch den Vorspannprozess stellt sich in den oberflächennahen Bereichen von ESG, bzw. TVG, ein Eigenspannungszustand aus Druckspannungen ein. Zugspannungen infolge äußerer Einwirkungen werden von diesen Eigenspannungen sozusagen „überdrückt", so dass auch unter Gebrauchslasten ständig Druckspannungen vorherrschen. Das Risswachstum unter Dauerlast kann sich bei ESG, bzw. TVG, daher nicht einstellen.

Zulässige Biegezugspannungen in N/mm²

(Tabelle 3, siehe Seite 34)

Werden äußere Lasten und Klimalasten in einer Einwirkungskombination berücksichtigt, so dürfen für Vertikalverglasungen aus SPG die zulässigen Biegezugspannungen der Tabelle 2 um 15% erhöht werden und bei Vertikalverglasungen mit einer Glasfläche bis zu 1,6 m² um 25% erhöht werden.

Durchbiegungsnachweise

Für allseitig linienförmig gelagerte Vertikalverglasungen bestehen keine Anforderungen hinsichtlich der Durchbiegungsbegrenzung. Für zwei- und dreiseitig gelagerte Vertikalverglasungen aus Einfachverglasung bestehen ebenfalls keine Anforderungen, sofern nachgewiesen wird, dass unter Last ein Glaseinstand von 5 mm nicht unterschritten wird. Wird dieser Nachweis nicht geführt, oder ist der Glaseinstand unter Last kleiner als 5 mm so ist die Durchbiegung dieser Verglasungen auf 1/100stel zu beschränken.

Für zwei- und dreiseitig gelagerte Vertikalverglasungen aus MIG beträgt die zulässige Durchbiegung 1/100stel der „freien Kante". Mit „freier Kante" ist die nicht gelagerte Glaskantenlänge gemeint.

Für Überkopfverglasungen beträgt die Durchbiegungsbegrenzung 1/100stel der Scheibenstützweite in Haupttragrichtung. Bei zwei- oder dreiseitig gelagerten Isolierverglasungen beträgt die zulässige Durchbiegung 1/200stel der freien Kante.

Zulässige Durchbiegungen

(Tabelle 3)

Bei großformatigen, vierseitig gelagerten Vertikalverglasungen aus ESG oder TVG können sich bei Ausnutzung der zulässigen Spannungen wegen fehlender Durchbiegungsbegrenzungen sehr große Verformungen ergeben. Hier ist eine sinnvolle Durchbiegungsbegrenzung zur Vermeidung optischer Beeinträchtigungen oder erhöhter Schwingungsneigung der Scheibe vorzusehen.

Bezüglich der Verträglichkeit großer Verformungen für den Isolierglasrandverbund sind die Durchbiegungsbegrenzungen des jeweiligen Isolierglasherstellers zu beachten.

Weiterhin ist bei der Ermittlung der Scheibendurchbiegung auch die rechnerische Durchbiegung der Unterkonstruktion mit zu erfassen. Die Gesamtdurchbiegung der Verglasung ergibt sich aus den Durchbiegungsanteilen der Unterkonstruktion und der Eigendurchbiegung der Verglasung.
Auch infolge Klimalasten stellen sich Verformungen der Verglasung ein, die bei den Durchbiegungsnachweisen zu berücksichtigen sind.
Ergeben sich bei der Berechnung allseitig gelagerter Scheiben Durchbiegungen, die betragsmäßig größer als die Scheibendicke sind (f > d), führen die nach der linearen Plattentheorie ermittelten Beanspruchungen und Verformungen zu unwirtschaftlichen Ergebnissen. Für solche Fälle bietet sich die Berechnung der Schnittgrößen und Verformungen nach der geometrisch nicht linearen Berechnungsmethode unter Berücksichtigung der so genannten Membrantheorie an. Durch diesen Berechnungsansatz werden versteifende Effekte in der Berechnung realitätsnäher erfasst. Die Scheibenberechnung nach der Membrantheorie ist mit geeigneten EDV-Programmen nach der FiniteElementeMethode FEM, durchführbar.

Erläuterungen zu den TRAV

Vertikalverglasungen, die Personen gegen seitlichen Absturz sichern, sind so genannte *„absturzsichernde Verglasungen"*. Der zu sichernde Höhenunterschied, ab dem eine Verglasung als absturzsichernd einzustufen ist, ergibt sich aus den jeweiligen Landesbauordnungen (LBO) und liegt in der Regel bei 1,0 m.
Eine Ausnahme stellt das Bundesland Bayern dar, hier wird eine Absturzsicherung bereits bei einem Höhenunterschied von 0,5 m gefordert.

Geltungsbereich

Folgende Verglasungen sind in der TRAV geregelt:

- Linienförmig gelagerte Vertikalverglasungen nach TRLV
- Tragende Brüstungsverglasungen, die an ihrem unteren Querrand in einer Klemmkonstruktion eingespannt sind und zusätzlich mit einem durchgehenden, tragenden Handlauf verbunden sind
- Linienförmig und punktförmig gelagerte Geländerfüllungen aus Glas.

Die TRAV finden keine Anwendung für punktförmig gelagerte Fassadenverglasungen, eingespannte Brüstungsverglasungen ohne tragenden Handlauf und chemisch gelagerte (geklebte) Verglasungen.

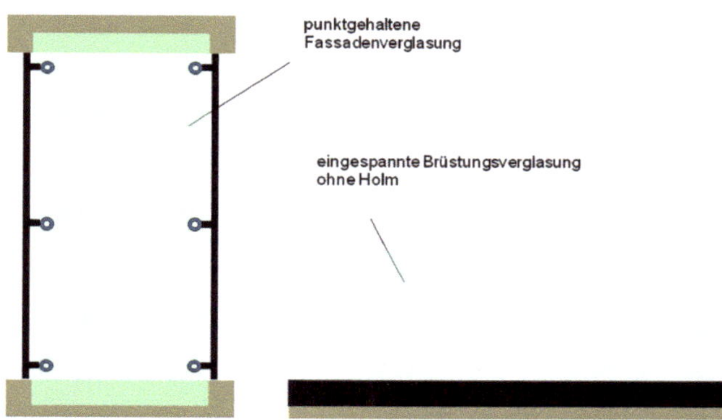

Bild 5   In den TRAV nicht geregelt

Für Verglasungen in Bereichen mit außergewöhnlichen Nutzungsbedingungen wie z. B. Fußballstadien oder in Bereichen mit besonderem Stoßrisiko (abschüssige Rampen …) sind ggf. weiter gehende Maßnahmen wie Ansatz höherer Holmlasten, Stoßabweiser usw. vorzusehen.

Mit den Regelungen der TRAV werden 3 grundsätzliche Schutzziele angestrebt:

- Schutz von Personen gegen Absturz
- Schutz von Personen gegen (Schnitt-) Verletzungen
- Schutz von Personen vor herabfallenden Bruchstücken auf Verkehrsflächen

Die Regelung wonach Vertikalverglasungen, deren Oberkante nicht mehr als 4 m über Verkehrsflächen liegen, von den Regelungen der TRLV freigestellt sind, ist nicht auf absturzsichernde Verglasungen übertragbar.

Die TRAV beschränken sich auf grundsätzlich bewährte Anwendungsfälle. Von den Regelungen der TRAV abweichende Verglasungsarten, bzw. -konstruktionen sind nicht verboten, bedürfen jedoch einer allgemeinen bauaufsichtlichen Zulassung oder einer „Zustimmung im Einzelfall".

Ein wesentliches Merkmal für die Bauart von absturzsichernden Verglasungen nach den TRAV ist der Kantenschutz der Verglasung. Die Beschädigung einer Glaskante, z. B. durch Anschlagen mit einem harten Gegenstand, führt in der Regel zum Versagen der Verglasung und somit zum Verlust der absturzsichernden Funktion.
Der Geltungsbereich der TRAV beschränkt sich daher auf Glaskonstruktionen, deren Kanten durch andere Bauteile, bzw. aufgesteckte Holme hinreichend geschützt sind.

Einteilung von absturzsichernden Verglasungen in Kategorien

Die TRLV unterscheidet 3 Kategorien von absturzsichernden Verglasungen.

Kategorie A, höchste Anforderung
Linienförmig gelagerte Vertikalverglasungen im Sinne der TRLV, jedoch ohne lastaufnehmenden Brüstungsriegel, bzw. ohne von innen vorgesetzten Holm, in der nach der jeweiligen Landesbauordnung vorgeschriebenen Höhe. Die absturzsichernde Verglasung der Kategorie A muss die anzusetzende Holmlast als Linienlast aufnehmen können.

In den Landesbauordnungen werden in der Regel bei Absturzhöhen bis 12 m Umwehrungen gefordert, die in einer Höhe von 0,9 m bzw. 1,0 m (je nach LBO) über der Fußbodenebene vorzusehen sind. Bei Absturzhöhen über 12 m ist die Höhenlage der Umwehrung auf 1,1 m über Fußboden festgelegt. Handelt es sich um Aufenthaltsbereiche die als Arbeitsstätten einzustufen sind, beträgt die Holmhöhe mind. 1,0 m (siehe ASR 12, Abs. 2.3).

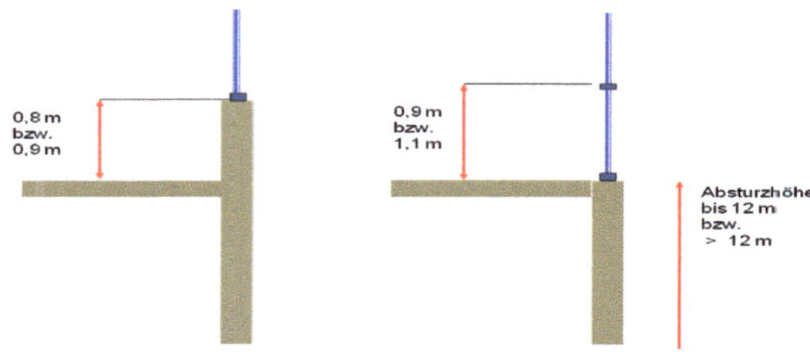

Bild 6   Holmhöhe nach LB

Die TRAV machen keine Einschränkungen dahin gehend, dass Verglasungen der Kategorie A grundsätzlich allseitig linienförmig zu lagern sind, d. h. es können auch 2- oder 3-seitig gelagerte Verglasungen ausgeführt werden.

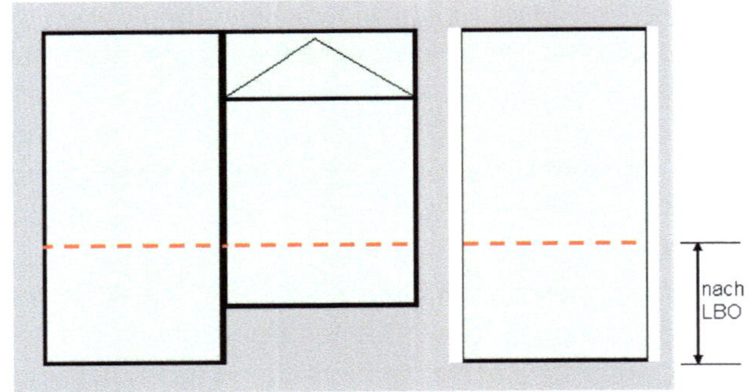

Bild 7a   Kategorie A (Beispiele)

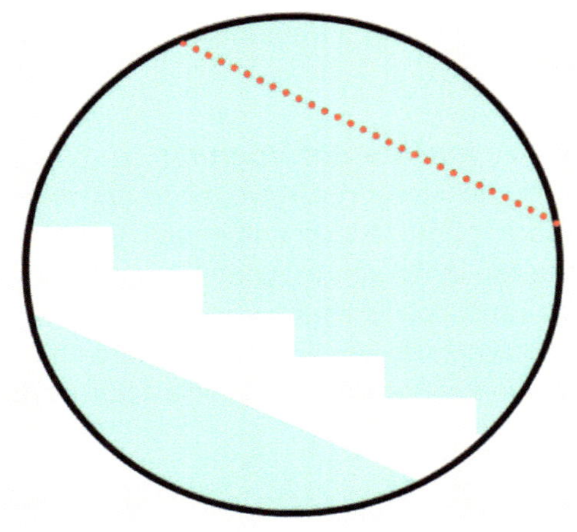

Bild 7b   Kategorie A (Beispiele)

Kategorie B

Tragende Glasbrüstungen, deren Einzelscheiben an ihrem unteren Rand in einer linienförmigen Klemmkonstruktion eingespannt sind und die über einen aufgesteckten und durchgehenden Handlauf miteinander verbunden sind. Der Handlauf hat die Funktion, zum einen die obere Glaskante zu schützen und zum anderen bei Ausfall eines beliebigen Brüstungselementes durch Glasbruch die Holmlast aufzunehmen und auf das Nachbarelement, bzw. den Endpfosten oder den seitlich anschließenden Baukörper, zu übertragen.

Die Brüstungsverglasung ist für die Aufnahme der anzusetzenden Holmlast zu dimensionieren.

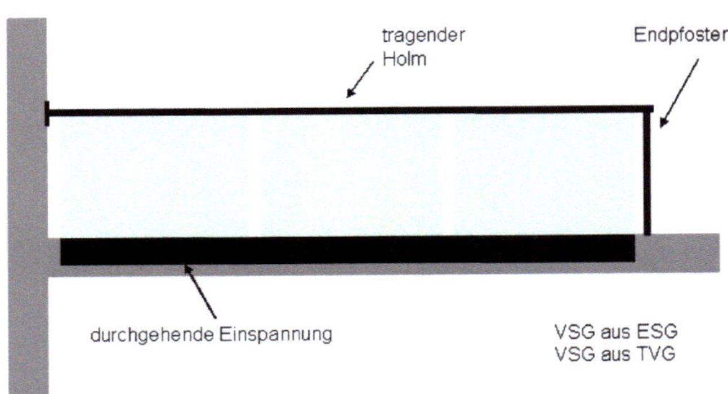

Bild 8   Kategorie B

Kategorie C (niedrigste Anforderung)

Die Kategorie C wird in 3 Untergruppen unterteilt. Für jede dieser Untergruppen gilt, dass die Verglasung selbst nicht zur Abtragung von Holmlasten herangezogen wird. Es muss daher stets ein durchgehendes, tragendes Bauteil vorhanden sein, das die planmäßig anzusetzende Holmlast (DIN 1055-3) in Holmhöhe nach LBO aufnimmt.

- C1 Geländerausfachungen, die an mind. zwei gegenüberliegenden Seiten, d. h. oben und unten oder links und rechts linienförmig und/oder punktförmig gelagert sind.
  Hinweis: punktförmig gelagerte Geländerausfachungen sind nach TRAV nur in *Innenräumen* zulässig.

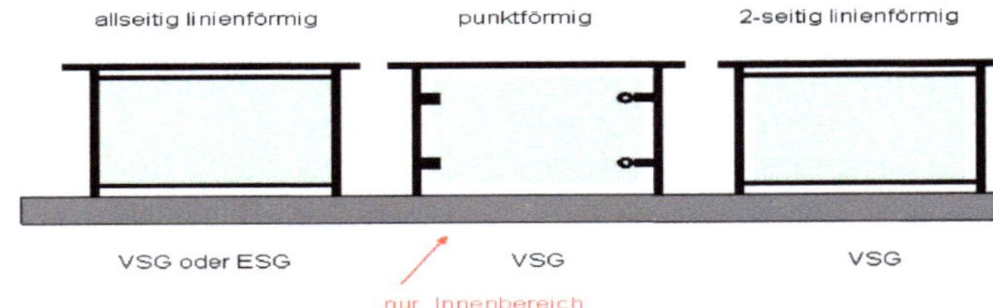

Bild 9   Kategorie C1

- C2 Vertikalverglasungen im Sinne der TRLV, die an mindestens zwei gegenüberliegenden Seiten, d. h. oben und unten oder links und rechts linienförmig gelagert sind und in Holmhöhe einen lastabtragenden Querriegel aufweisen. Hierbei handelt es sich in der Regel um absturzsichernde Verglasungen die Bestandteile von z. B. Fenster- oder Pfosten/Riegelkonstruktionen sind.

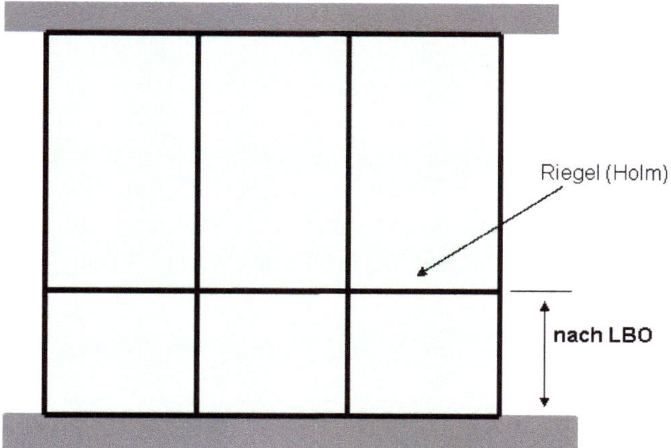

Bild 10   Kategorie C2

- C3 Verglasungen wie Kategorie A, jedoch mit einem innen, d. h. auf der Angriffsseite vorgesetzten, lastabtragenden Holm in der nach Landesbauordnung vorgeschriebenen Höhe. Der Holm hat keine Verbindung zur Verglasung. Weicht die Höhenlage des Holmes von den Vorgaben der LBO ab, ist die Verglasung in die Kategorie A einzustufen.

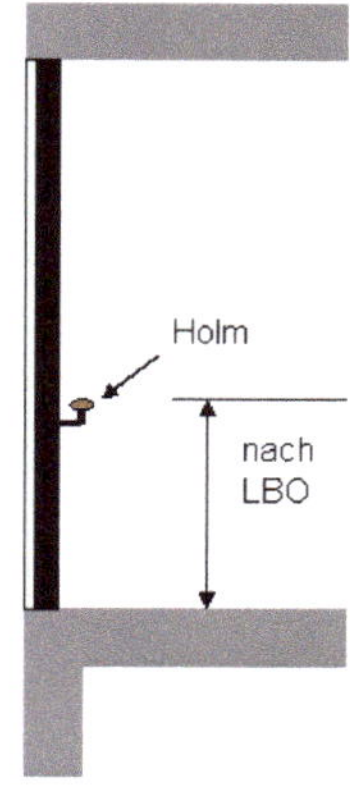

Bild 11   Kategorie C3

Verwendbare Glaserzeugnisse

Hinsichtlich der verwendbaren Glaserzeugnisse für absturzsichernde Verglasungen gilt Abschnitt 2.1 der TRLV. Einschränkungen zu den verwendbaren Glaserzeugnissen können der nachfolgenden Tabelle entnommen werden.

Glaserzeugnisse für absturzsichernde Verglasungen nach TRAV

(Tabelle 4, siehe Seite 34)

Bei Isolierverglasungen dürfen auf der stoßzugewandten Angriffsseite nur Glaserzeugnisse aus den so genannten Sicherheitsgläsern wie VSG, ESG oder VG aus ESG verwendet werden.

Die TRAV gestatten für zwei Anwendungsfälle einen Glasaufbau ohne die Verwendung von VSG. Hierbei handelt es sich um absturzsichernde Verglasungen der Kategorie C1 und C2 als Einfachverglasung aus ESG mit allseitiger linienförmiger Lagerung und um Isolierverglasung mit innen (Angriffseite) ESG und außen (Absturzseite) einem Glasaufbau nach TRLV, Abschnitt 2.1.

In allen anderen Anwendungsfällen besteht der Glasaufbau für die absturzsichernde Verglasungen immer mindestens aus einer VSG Schicht.

Anwendungsbedingungen

Kanten von absturzsichernden Verglasungen müssen gegen Beschädigungen, z. B. infolge einer Stoßbeanspruchung durch harte Gegenstände, geschützt werden. Der Schutz erfolgt durch die Rahmenkonstruktion, den aufgesteckten Handlauf oder durch direkt angrenzende Bauwerksteile w e z. B. Wände oder Decken.

Von einem ausreichenden Kantenschutz kann ausgegangen werden, wenn zwischen benachbarten Scheiben oder angrenzenden Bauteilen ein Abstand von 30 mm nicht überschritten wird.

Geländerausfachungen aus VSG mit in Glasbohrungen sitzenden Glasklemmhaltern (Tellerhalter) sind von der Forderung nach einem Kantenschutz ausgenommen. Durch die tellerartigen Klemmhalter wird mit dem Glas auch die hochreißfeste PVB-Folie geklemmt, so dass selbst nach Glasbruch die absturzsichernde Funktion bedingt erhalten bleibt. Bohrungen sind nur in Scheiben aus VSG mit ESG bzw. VSG mit TVG zulässig.

Darüber hinaus gelten für die absturzsichernden Verglasungen der Kategorie B und C1 die Anwendungsbedingungen nach TRLV, Abschnitt 3.1.1 und 3.1.4 bis 3.1.6 sinngemäß. Hierbei handelt es sich im Wesentlichen um Regelungen zur Glaslagerung.

Lastannahmen

Auch absturzsichernde Verglasungen müssen statisch nachgewiesen werden.

Es sind folgende Einwirkungen zu berücksichtigen:
- Horizontale Holmlast „h" in Holmhöhe, nach DIN 1055-3
- Windlast, „w" nach DIN 1055-5
- Klimalast für Isolierverglasungen nach TRLV

Die Holmlast „h" ist nur bei Verglasungen der Kategorie A und B anzusetzen.

Die einzelnen Lastanteile sind für Isolierverglasungen nach TRAV wie folgt zu Einwirkungskombinationen zu überlagern:

- h + w/2
- w + h/2
- h + Klima
- w + Klima

Die ungünstigere Einwirkungskombination ist der Bemessung zugrunde zu legen.

Bei Einfachverglasungen müssen die vor genannten Überlagerungsregeln nicht angewandt werden.

Statischer Nachweis

Die *Verglasung* und die *Haltekonstruktion* sind statisch nachzuweisen.
Für die Glaserzeugnisse gelten die zulässigen Biegezugspannungen sowie Durchbiegungsbegrenzungen nach TRLV, bzw. nach allgemeiner bauaufsichtlicher Zulassung für TVG und Borosilikatglas.
Bei Isolierverglasungen sind die Durchbiegungen soweit zu begrenzen, dass sich Innen- und Außenscheibe unter den vor genannten Einwirkungskombinationen nicht berühren. Dieser Nachweis ist insbesondere bei großformatigen Isolierverglasungen der Kategorie A unter der Einwirkungskombination Winddruck und Holmlast relevant.

Die Kopplung von Innen- und Außenscheibe über das eingeschlossene Gasvolumen darf beim statischen Nachweis mit angesetzt werden (Katheder-Effekt).

Bei Glasbrüstungen der Kategorie B ist neben dem statischen Nachweis für den planmäßigen Zustand auch der Fall statische zu untersuchen, bei dem ein beliebiges Brüstungselement infolge einer Beschädigung ausfällt.
Außerdem ist nachzuweisen, dass für diesen Fall der aufgesteckte, durchgehende Handlauf die Holmlast auf das Nachbarelement, bzw. den Endpfosten oder die Verankerung am Baukörper übertragen kann.
Für diesen Ausnahmelastfall dürfen die zulässigen Biegezugspannungen für das Glas nach TRLV Tabelle 2, um den Faktor 1,5 erhöht werden.

Ist der Abstand benachbarter Scheibenkanten von Verglasungen der Kategorie B nicht größer als 30 mm, so darf beim statischen Nachweis davon ausgegangen werden, dass nur eine der beiden VSG-Schichten zerstört ist und somit die noch intakte Scheibe sich an der Aufnahme von Holmlasten entsprechend ihrer Steifigkeiten

beteiligt. Dies gilt auch für den Fall, dass die vertikalen Glaskanten durch ein aufgestecktes Kantenschutzprofil wirksam gegen Stoßeinwirkungen geschützt sind.

Die statischen Nachweise für die Haltekonstruktionen, Handlauf, Pfosten, Klemmkonstruktionen usw. sind nach den einschlägigen Technischen Baubestimmungen, z. B. DIN 18800 – Stahlbauten – zu führen.

Nachweis der Stoßsicherheit

Neben dem rechnerischen Nachweis, d. h. der statischen Berechnung für die absturzsichernde Verglasung einschließlich ihrer Haltekonstruktion ist auch der Nachweis ausreichender *Stoßsicherheit* zu führen. Bei diesem Nachweis soll der Personenanprall nachgebildet werden.

Der Personenanprall wird mit dem so genannten Pendelschlagversuch simuliert.
Der Versuchskörper besteht aus 2 luftgefüllten Schubkarrenreifen mit einem Reifendruck von 4 bar und einer im Nabenbereich der Reifen zusätzlich angeordneten Masse mit einem Gewicht von 50 kg. Dieser Pendelkörper wird in Abhängigkeit der Verglasungskategorie mit unterschiedlichen Fallhöhen auf die Verglasung geschlagen.

Die Versuchsdurchführung darf nur durch bauaufsichtlich anerkannte Prüfstellen vorgenommen werden.

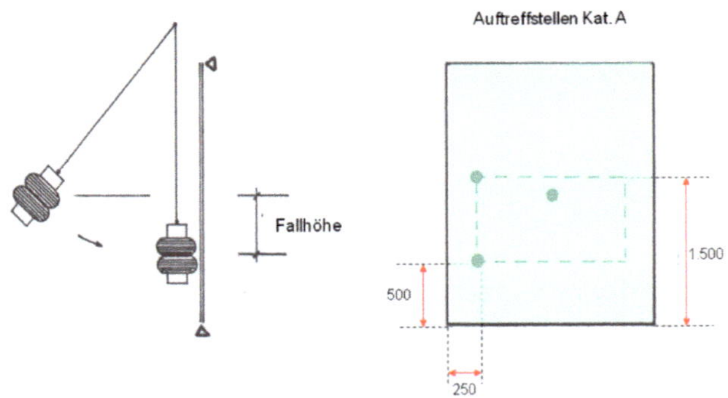

Bild 12 Versuchsaufbau

Kategorie A Pendelfallhöhe 900 mm
Kategorie B Pendelfallhöhe 700 mm
Kategorie C Pendelfallhöhe 450 mm

Die relevanten Auftreffstellen sind im Anhang A der TRAV näher bezeichnet.
Je nach Art und Lagerung der Verglasung sind 2 bis 4 Auftreffstellen mit dem Ziel maximaler Glas- und Halterbeanspruchung zu untersuchen. Die Versuchsdurchführung kann am Originaleinbau auf der Baustelle oder an

einem Versuchsaufbau, z. B. im Werk des Fenster- bzw. Fassadenbauers oder auch im Prüflabor der Prüfstelle vorgenommen werden.

Der Stoßversuch gilt als bestanden wenn:

- der Stoßkörper die Verglasung nicht durchschlägt
- die Verglasung nicht aus der Verankerung gerissen wird
- keine Bruchstücke herabfallen, die Verkehrsflächen gefährden könnten
- in der VSG-Scheibe keine Öffnungen mit einer Rissweite von mehr als 76 mm entstehen
- bei monolithischen Außenscheiben von Isolierverglasungen kein Glasbruch eintritt

Ein Einläufer oder ein kleiner Riss der Scheibe im Bereich einer Ecke wird in der Regel nicht als Glasbruch bewertet.

Entfall der Notwendigkeit zur Durchführung eines Pendelschlagversuches

Die TRAV benennt mehrere Wege, für die eine versuchstechnische Untersuchung der Stoßsicherheit, d. h. Durchführung des Pendelschlagversuchs, entfallen kann. Dies sind im Einzelnen:

1. Fall

Verglasungskonstruktionen, für die aufgrund vorliegender Versuchserfahrungen ausreichende Stoßsicherheit bestehen. Es handelt sich hierbei um Glasaufbauten nach

Tabelle 2	für zwei- und allseitig linienförmig gelagerte Verglasungen der Kategorie A und C aus Einfach- oder Isolierverglasung.
Tabelle 3	punktförmig gelagerte Verglasungen der Kategorie C1 für die Verwendung im Innenbereich mit in Bohrungen sitzenden Punkthaltern (Tellerhalter).
Tabelle 4	Glasbrüstungen der Kategorie B

Zu den jeweiligen Tabellen sind Bedingungen aufgeführt wie z. B. Mindestglaseinstand – Befestigungsabstand der Klemmleisten – Tragkraft der Befestigungsmittel – Abstand von Glasbohrungen zu den Rändern – usw., die bei Anwendung der vor genannten Tabellen zwingend einzuhalten sind.

Der Hersteller einer solchen Verglasungskonstruktion hat durch die Übereinstimmungserklärung (ÜH) zu bescheinigen, dass die betreffende absturzsichernde Verglasung den technischen Regeln entspricht.

Ist mindestens eine der für die Anwendbarkeit vor genannter Tabellen geforderten konstruktiven Bedingungen nicht erfüllt, ist für die betreffende Verglasungskonstruktion der Nachweis ausreichender Stoßsicherheit durch ein allgemeines bauaufsichtliches Prüfzeugnis (abP) zu führen.

Nähere Einzelheiten hierzu finden Sie unter www. glas-im-bauwesen.de unter Aktuelles mit Datum vom 18.8.2005).

Die Anwendung vorgenannter Tabellen eignet sich insbesondere dann, wenn bei einem Bauvorhaben nur e ne geringe Stückzahl einer Verglasungsvariante von absturzsichernden Verglasungen zur Ausführung kommen soll, zumal die Durchführung von Pendelschlagversuchen und die damit verbundenen Kosten entfallen können. Bei der versuchstechnischen Nachweisführung zur Stoßsicherheit (Pendelschlagversuch) ergeben sich i.d.R. dünnere Glasaufbauten.

Es bleibt dem Anwender der TRAV überlassen zu entscheiden, ob ein ggf. überdimensionierter Glasaufbau nach den vor genannten Tabellen gewählt wird oder ob, insbesondere bei großen Stückzahlen einer Verglasungsvariante ein Pendelschlagversuch durchgeführt wird um im Ergebnis dünnere und damit wirtschaftlichere Glasaufbauten einsetzen zu können.

Absturzsichernde Verglasungen aus Dreifach-Isolierverglasung

Mehrscheibenisoliergläser dürfen ohne weitere Prüfung im Sinne der TRAV als ausreichend stoßsicher eingestuft werden, wenn sie um eine oder mehrere Zwischenschichten aus ESG-Scheiben im Scheibenzwischenraum (SZR) ergänzt werden.

Dies gilt für Glasaufbauten gemäß TRAV, Tabelle 2, Zeilen 1, 2, 3, 4, 7, 8, 9, 18, 20 und 28.

Damit ist die Tabelle 2 sozusagen um 10 weitere Glasaufbauten, nämlich solche mit mind. drei Glasschichten, erweitert worden.

Die vorgenannte Regelung wird als Ergänzung der Anlage 2.6/10 in die Musterliste der Technischen Baubestimmungen aufgenommen.

Verglasungen m t Zwischensichten im SZR aus grobbrechenden Gläsern erfordern auch weiterhin ein allgemeines bauaufsichtl ches Prüfzeugnis (abP) als Verwendbarkeitsnachweis zum Nachweis der Stoßsicherheit.

2. Fall

Eine weitere Möglichkeit, den Nachweis ausreichender Stoßsicherheit ohne die Durchführung eines Pendelschlagversuches zu führen, beschreiben die TRAV unter Abschnitt 6.4. Hierbei werden die Glasbeanspruchungen in Abhängigkeit der Lagerungsart und Pendelfallhöhe in den so genannten Spannungstabellen wieder gegeben. Die aus den Spannungstabellen ermittelten Biegezugspannungen dürfen die zulässigen Spannungen der vorgesehenen Glasart

- SPG   80 N/mm²
- TVG   120 N/mm²
- ESG   170 N/mm²

nicht überschreiten, um den Nachweis ausreichender Tragfähigkeit unter stoßartigen Einwirkungen zu erfüllen. Hierbei sind weitergehende konstruktive Bedingungen und Beschränkungen zu beachten.
(siehe Abs. 6.4.2)

Es wird an dieser Stelle nicht weiter auf dieses Verfahren eingegangen, da diese Verfahren in der Regel zu recht unwirtschaftlichen Glasaufbauten führt.

3. Fall

Der Nachweis ausreichender Stoßsicherheit braucht auch nicht geführt werden bei Scheiben, deren kleinste lichte Öffnung zwischen hinreichend tragfähigen Bauteilen wie z. B. massive Gebäudeteile, Pfosten, Riegel, vorgesetzte Kniestäbe usw., folgende Abmessungen nicht überschreiten:

- Kategorie A   max. 300 mm
- Kategorie B   max. 500 mm
- Kategorie C   max. 500 mm

Auf die Notwendigkeit, nur Glasaufbauten mit VSG und in besonderen Fällen auch ESG zu verwenden, sei an dieser Stelle nochmals hingewiesen.
(siehe TRAV Abschnitt 3.1)

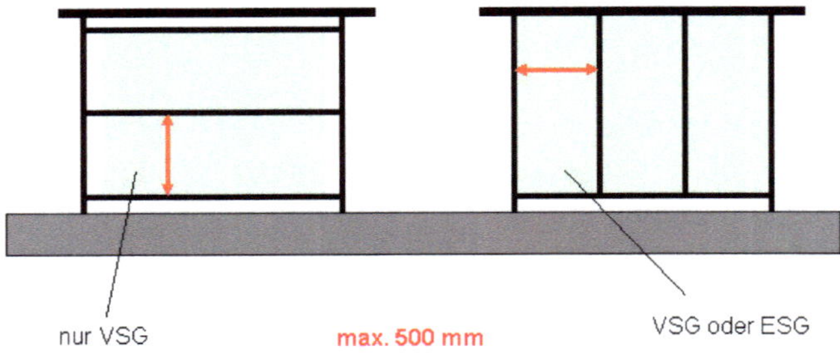

Bild 13   Kategorie C1 ohne Notwendigkeit zum Nachweis der Stoßsicherheit

4. Fall

Von der Durchführung einer Pendelschlaguntersuchung kann auch abgesehen werden, wenn die untersuchende Prüfstelle, auf Basis übertragbarer Prüfergebnisse bereits untersuchter Verglasungen mit ähnlichen Abmessungen und gleichem Glasaufbau, ausreichende Stoßsicherheit durch ein Gutachten belegt.

Diese letztgenannte Vorgehensweise hat sich in der Vergangenheit mehr und mehr durchgesetzt, zumal inzwischen bei den einzelnen Prüfstellen umfangreiche Ergebnisreihen von experimentell untersuchten Verglasungskonstruktionen vorliegen.

Als Verwendbarkeitsnachweis zum Nachweis ausreichender Stoßsicherheit stellt die Prüfstelle ein allgemeines bauaufsichtliches Prüfzeugnis (abP) aus. Dazu sind nur solche Prüfstellen befugt, die vom Deutschen Institut für Bautechnik (DIBt) in Berlin als Prüf-Überwachungs- und Zertifizierungsstellen zugelassen sind.

Erläuterungen zu den TRPV

Die Technischen Regeln für die Verwendung punktförmig gelagerter Verglasungen (TRPV) beinhalten Regeln für die Bemessung und Ausführung ebener Vertikal- und Überkopfverglasungen mit punktförmiger Lagerung.
Die wesentlichen Inhalte der TRPV haben sich in der praktischen Anwendung bewährt und wurden weitgehend aus den Bekanntmachungen des Wirtschaftsministeriums über den Verzicht auf „Zustimmung im Einzelfall" für die Verwendung bestimmter, nicht geregelter Verglasungskonstruktionen des Landes Baden-Württemberg übernommen.

Mit der TRPV wurde eine bundesweite Vereinheitlichung der bauaufsichtlichen Regelungen zu punktförmig gelagerten Verglasungen geschaffen. Damit wurde für einfache Konstruktionen punktgelagerter Verglasungen eine Anwendung möglich, ohne dass dazu – wie dies vor dem Erscheinen der TRPV erforderlich war – eine „Zustimmung im Einzelfall" eingeholt werden muss.

Die TRPV dürfen als Erweiterung zu den Technischen Regeln für die Verwendung von linienförmig gelagerten Verglasungen (TRLV) betrachtet werden. Sie schließen damit eine Regelungslücke im konstruktiven Glasbau und dürfen als Übergangslösung bis zum Inkrafttreten der *DIN 18008-3; Glas im Bauwesen, Bemessungs- und Konstruktionsregeln Teil 3: punktförmig gelagerte Verglasungen*, angesehen werden. In dieser neuen Norm soll der Anwendungsbereich im Vergleich zur TRPV wesentlich weiter gefasst sein.

Geltungsbereich

Der Geltungsbereich der TRPV beschränkt sich auf Verglasungen, deren Oberkante max. 20 m über Gelände zum Einbau kommen und deren Abmessungen nicht größer als 2.500 x 3.000 mm sind.

Auch hier gilt die Zuordnung wie in den TRLV, wonach Verglasungen, die bis zu 10° gegen die Lotrechte geneigt sind, als Vertikalverglasungen und alle über 10° hinaus geneigten Verglasungen als Überkopfverglasungen einzustufen sind.

Nicht Bestandteil der TRPV und damit nicht geregelt sind:

- gekrümmte Verglasungen
- chemisch gelagerte, d. h. geklebte Verglasungen (structural glazing)
- absturzsichernde Verglasungen
- betretbare Verglasungen
- begehbare Verglasungen
- Glasträger, Glasstützen und sonstige Verglasungen, die planmäßig nicht nur ausfachend sind, sondern außer ihrem Eigengewicht, Temperatur und Querlasten wie Wind und Schnee, auch aussteifende oder lastabtragende Funktion in Scheibenebene übernehmen.

Generell sind mit den TRPV nur solche Verglasungskonstruktionen geregelt, die sich aufgrund ihrer Abmessung, Glasart und Lagerungsbedingungen in der Anwendung bisher bewährt haben und als hinreichend robust einzustufen sind.

Allgemeine Anwendungsbedingungen:

Der Kontakt zwischen Glas/Glas und Glas mit anderen, harten Bauteilen (wie z. B. Glas/Metall oder Glas/Stein/Beton) ist durch die Verwendung geeigneter elastischer Zwischenlagen dauerhaft zu vermeiden.

Die Scheiben (Verglasungen) müssen in alle Richtungen formschlüssig gehalten sein. Dabei müssen die Scheiben vor und nach dem Einbau eben sein. Es dürfen auch von der Rechteckform abweichende Scheibenformate verwendet werden.

Die Regelungen zu Vertikal- und Überkopfverglasungen weisen kaum Gemeinsamkeiten auf, so dass nachstehend jeder Verglasungsart ein eigenständiges Kapitel gewidmet ist.

Vertikalverglasungen (punktförmig gelagert)

Für Vertikalverglasungen sind unterschiedliche Lagerungsvarianten möglich. Es wird unterschieden in punktförmige Glaslagerung über Tellerhalter oder solche mit Randklemmhaltern und linienförmiger Lagerung, wie dies bereits aus den Regelungen der TRLV bekannt ist.

Tellerhalter

Die Tellerhalter müssen beidseitig kreisrunde Klemmteller mit einem Durchmesser von mind. 50 mm haben. Der Glaseinstand darf 12 mm nicht unterschreiten.
Die Glasbohrungen müssen glatt, d. h. riefenfrei und durchgehend zylindrisch sein.
Die Lochränder sind beidseitig mit einer 45° Fase von 0,5-1,0 mm zu säumen.

Konische Glasbohrungen sind nicht zulässig.

Die Klemmwirkung wird über eine schraubenartige Verbindung erreicht, bei der beide Klemmteile gegeneinander verspannt werden. Zwecks Vermeidung des Kontaktes zur Glasscheibe ist eine Kunststoffhülse mit einer Hülsenwanddicke von mind. 3 mm über die Klemmschraube zu führen.

Der Bohrlochrandabstand untereinander bzw. zum freien Rand der Verglasung muss mind. 80 mm betragen.

Eine Eckbohrung muss bei einem Bohrlochrandabstand von 80 mm zum anderen Glasrand einen Bohrlochrandabstand von mind. 100 mm aufweisen.
Der max. Glasüberstand vom Bohrlochrand bis zur freien Glaskante ist auf max. 300 mm zu begrenzen; diagonal gemessen maximal $\sqrt{2}$ x 300 = 424 mm.

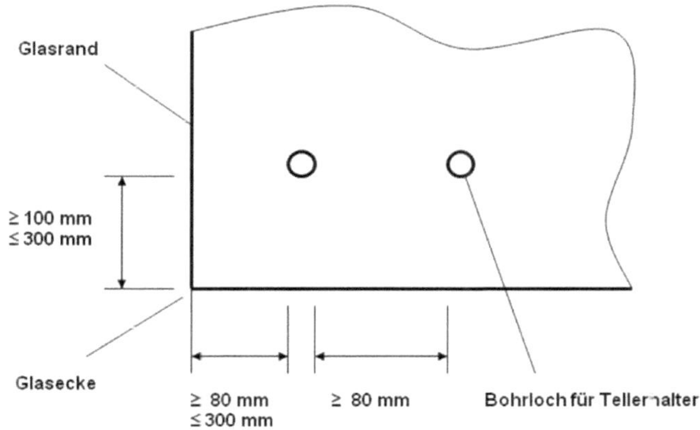

Bild 14 Bohrlöcher für Tellerhalter:
Rand- und Lochabstände

Die Punkthalter müssen aus nichtrostendem Stahl, entsprechend der allgemeinen bauaufsichtlichen Zulassung (abZ) Nr. Z-30.3-6 bestehen und mindestens der Korrosionswiderstandsklasse II, z. B. Werkstoff 1.4301, 1.4401, entsprechen.

Solche Punkthalter, die nicht nach den einschlägigen Technischen Baubestimmungen, (hier gilt die DIN 18800-1, Stahlbauten-Bemessung und Konstruktion, in Ergänzung zur o. g. Zulassung) nachgewiesen werden können, bedürfen einer allgemeinen bauaufsichtlichen Zulassung (abZ) oder einer Europäisch Technischen Zulassung (ETA). Dies sind i. d. R. Tellerhalter die wegen der Kugel- oder Elastomerlagerungen als gelenkige Halter eingestuft werden.

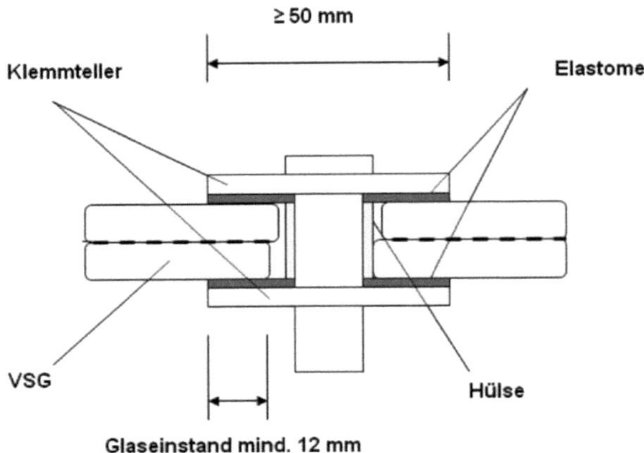

Bild 15   Prinzipskizze Tellerhalter

Für die elastischen Zwischenschichten eignet sich schwarzes EPDM (Ethylen-Propylen-Dien-Kautschuk) oder Silikon. Die Hülsen sind aus POM (Polyoxymethylen) oder PA6 (Polyamid) herzustellen.
Schraubenverbindungen sind durch geeignete Maßnahmen wie Kontern, Sicherungsmuttern, Metallkleber gegen unbeabsichtigtes Lösen zu sichern.

Randklemmhalter

Randklemmhalterungen umschließen die Verglasung U-förmig und weisen keine Glasbohrungen auf. Die Länge der Randklemmhalter ist nicht festgelegt.

Der Glaseinstand beträgt mind. 25 mm, wobei die Klemmung beidseitig jeweils eine Fläche von mind. 1.000 mm² aufweisen muss.

Der kleinstmögliche rechteckige Randklemmhalter hat beidseitig die Abmessungen von B x L = 25 mm x 40 mm = 1.000 mm². Es sind auch vom Rechteck abweichende Randklemmhalterformen möglich.

Bezüglich der zu verwendenden Werkstoffe für die Randklemmhalter und die zugehörigen, elastischen Zwischenschichten gelten die gleichen Vorgaben wie für Tellerhalter.

Auch bei den Randklemmhaltern sind die Schraubenverbindungen durch geeignete Maßnahmen gegen unbeabsichtigtes Lösen zu sichern.

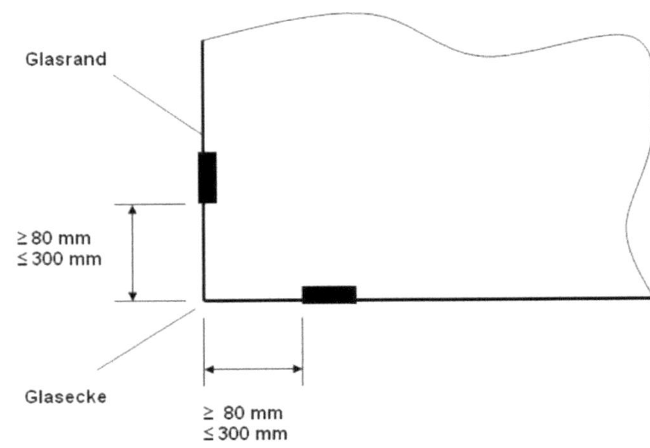

Bild 16   Eckabstände Randklemmhalter

Linienlager

Die Linienlagerung ist beidseitig entsprechend den Vorgaben der TRLV auszuführen.
Dabei dürfen Vertikalverglasungen zur Befestigung von Klemmleisten gebohrt werden (siehe hierzu TRLV Abschnitt 3.2.9).

Bei Vertikalverglasungen dürfen auch Kombinationen aus linien- und punktförmiger Lagerung ausgeführt werden. Mögliche Lagerungskombinationen sind:

Tellerhalter	mit Randklemmhalter
Tellerhalter	mit Linienlager
Tellerhalter	mit Randklemmhalter und Linienlager
Randklemmhalter	mit Linienlager

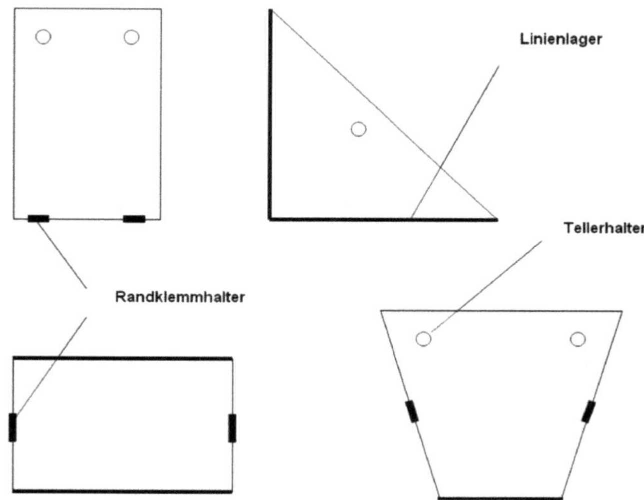

Bild 17   Lagerungskombinationen für Vertikalverglasungen

Verglasungen, die ausschließlich punktförmige Lagerungen aufweisen, erfordern mindestens drei Punkthalter, deren größter ein geschlossener Winkel, des die drei Punkthalter aufgespannten Dreieckes, maximal 120° betragen darf.
Zwei Punkthalter dürfen durch ein durchgehendes Linienlager ersetzt werden.

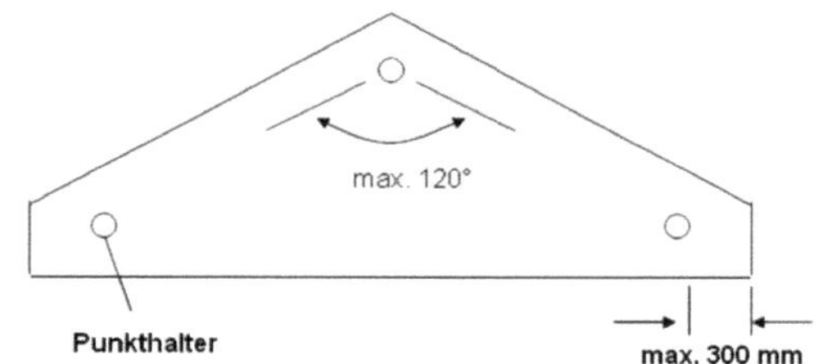

Bild 18a   Mind. 3 Punkthalter (Teller- oder Randklemmhalter)

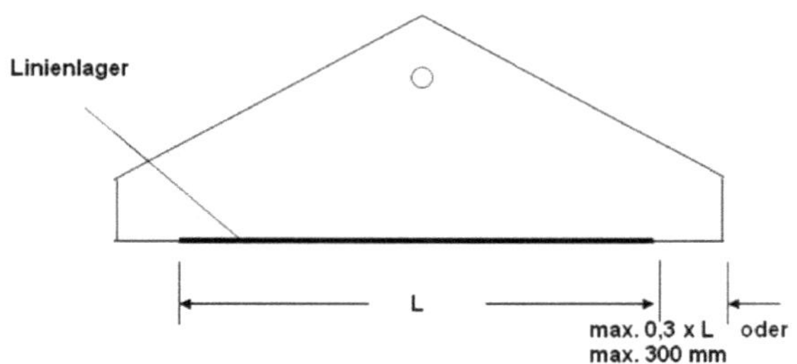

Bild 18b   2 Punkthalter durch Linienlager ersetzt

Auskragungen sind bei Tellerhaltern bis zu 300 mm über den Bohrlochrand hinaus zulässig. Dies gilt nur für Einfachverglasungen. Das Durchbohren von Isolierverglasungen ist nicht erlaubt. Für Auskragungen bei Linienförmiger Lagerung sind die Regelungen der TRLV, Abschnitt 3.2.8 zu beachten.

Glasarten für Vertikalverglasungen

Als Glaserzeugnisse dürfen generell nur Verbundsicherheitsgläser aus ESG, ESG-H oder aus TVG (mit allgemeiner bauaufsichtlicher Zulassung) verwendet werden.
Nur bei 2-scheibigen Isolierverglasungen, die über Randklemmhalter und/oder durchgehende Linienlager gelagert werden, darf für die zweite Scheibe monolithisches ESG-H verwendet werden.

Die Nenndicke der PVB-Folie muss mind. 0,76 mm betragen. Bei Verwendung ungleich dicker Glasscheiben darf die größere Glasdicke maximal das 1,5-fache der dünneren Scheibe betragen. Gerade noch zulässig wäre z. B. 20 mm VSG aus 12 mm und 8 mm ESG bzw. TVG. Unzulässig hingegen wäre 16 mm VSG aus 10 mm und 6 mm ESG bzw. TVG.

Überkopfverglasungen (punktförmig gelagert)

Für Überkopfverglasungen ist nach den TRPV nur die Glaslagerung über mind. drei Tellerhalter mit einem Tellerdurchmesser von mind. 60 mm geregelt. Überkopfverglasungen, die ausschließlich über Randklemmhalter gelagert werden oder solche mit einer Kombination aus Randklemmhaltern und Punkthaltern sind nicht zulässig. Begründen lässt sich diese Restriktion damit, dass nur randgeklemmte oder ggf. in Kombination mit punktgehaltenen Überkopfverglasungen die Anforderungen in Bezug auf die Resttragfähigkeit nicht grundsätzlich erfüllen, so dass hier auf eine allgemein gültige Regelung verzichtet wurde.

Als hinreichend resttragfähig werden punktgestützte Überkopfverglasungen eingestuft, die den Vorgaben in Tabelle 1 entsprechen. Hier sind Stützweiten, d. h. Punkthalter-abstände in zwei Richtungen für verschiedene Tellerhaltedurchmesser und verschiedenen Glasaufbauten aufgeführt.

(Tabelle 5, siehe Seite 35)

Nach Abschnitt 6.4 wird die nachgewiesene Resttragfähigkeit nur bei Einhaltung einer gleichmäßig verteilten Schneelast von bis zu 1,0 kN/m² vorgegeben.

Nach neuester Auslegung des Deutschen Instituts für Bautechnik (DIBt) Berlin kann die Tabelle 1 auch für Überkopfverglasungen mit einer Schneelast von über 1,0 kN/m² angewendet werden. Die Formulierung des DIBt lautet dazu wie folgt:

„Die Resttragfähigkeit aller in Tabelle 1 der TRPV aufgeführten Glasaufbauten mit angegebenen Abmessungen und Stützweiten gilt unabhängig von der Höhe der nach DIN 1055 anzusetzenden Schneelast als nachgewiesen".

Glasarten für Überkopfverglasungen

Nach den TRPV ist ausschließlich VSG aus TVG mit allgemeiner bauaufsichtlicher Zulassung verwendbar.

Der Glasaufbau muss gleich dicke Scheiben aufweisen und erfordert mindestens zwei Glasscheiben mit einer Dicke von mind. 6 mm. Die Nenndicke der zu verwendenden PVB-Folie beträgt hierbei mind. 1,52 mm.

Die Verwendung von mehrschichtigem 3-fach VSG mit gleich dicken Einzelschichten, z. B. 30 mm VSG aus 3x10 mm TVG ist zulässig. Überkopfverglasungen aus Mehrscheiben-Isolierglas sind unzulässig

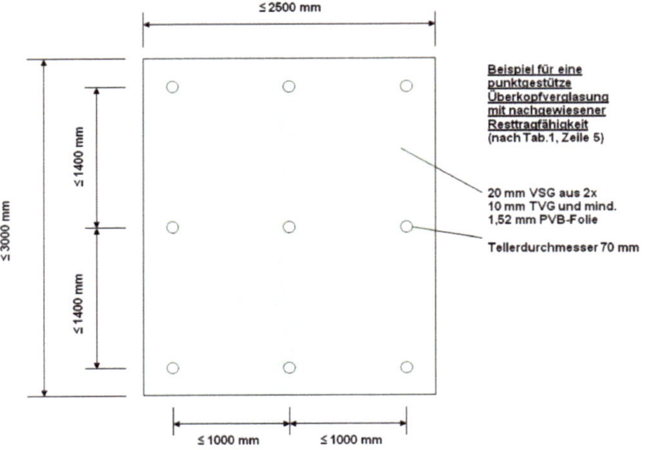

Bild 19

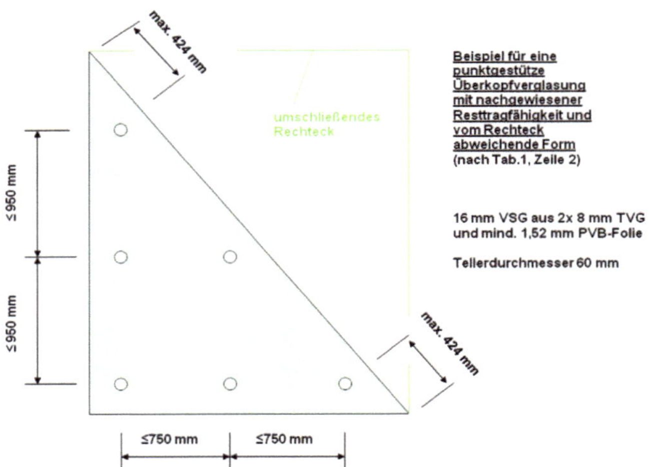

Bild 20

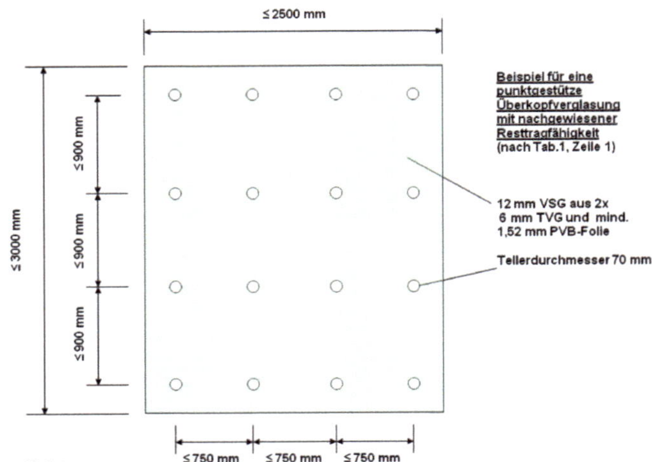

Bild 21

Nicht geregelte Bauarten, bzw. Bauprodukte aus Glas

Die nachstehend aufgeführten Bauarten, bzw. Bauprodukte sind als nicht geregelte Bauarten, bzw. Bauprodukte einzustufen. Ihre Verwendung im bauordnungsrechtlichen Sinne erfordert eine „Zustimmung im Einzelfall" durch die Oberste Bauaufsicht oder eine allgemeine bauaufsichtliche Zulassung (a.b.Z.):

- punktgehaltene Glasfassaden, die von den TRPV abweichen
- structural glazing ohne a.b.Z
- betretbare Überkopfverglasungen (Ausnahmen in einzelnen Bundesländern)
- Überkopfverglasungen mit Bohrungen und/oder Ausschnitten
- gekrümmte Überkopfverglasungen
- absturzsichernde Verglasungen außerhalb des Geltungsbereiches der TRAV
- begehbare Verglasungen, z. B. Treppenstufen, Podeste, die von den TRLV abweichen
- tragende Bauteile aus Glas (konstruktiver Glasbau) wie z. B. Glasstützen, Glasträger, aussteifende Glasausfachungen usw.
- Verglasungen aus TVG ohne a.b.Z.

Diese Aufzählung stellt nur einen Auszug möglicher, zustimmungs- bzw. zulassungspflichtiger Bauarten, bzw. Bauprodukte aus Glas dar.

Einzelne Bundesländer wie Hessen, Baden-Württemberg und Bayern haben Anforderungen in Form von Erlassen bzw. Merkblättern veröffentlicht, in denen die Verwendung nicht geregelter Bauarten bzw. Bauprodukte geregelt wird.

Für bestimmte Glaskonstruktionen werden Regelungen beschrieben, bei deren Einhaltung eine Freistellung auf

„Zustimmung im Einzelfall" möglich wird. Der Erlass des Landes Hessen vom Dezember 2004 zu nicht geregelten Glaskonstruktionen steht auf unserer Internetseite (unter Datum Januar 2005) www.info-hamm.de als PDF-Datei zur Verfügung.

Die Merkblätter für das Bundesland Baden-Württemberg findet man unter
www.bautechnik-bw.de (Suchbegriff „Glasbau").

Die Merkblätter für das Bundesland Bayern findet man unter
www.stmi.bayern.de/bauen/baurecht/bautechnik („Zustimmung im Einzelfall").

Beim DIBT in Berlin kann eine Zusammenstellung aller aktuell bauaufsichtlich zugelassener Verglasungskonstruktionen, bzw. Glasprodukte gegen eine geringe Gebühr angefordert werden (www.dibt.de)

Quellenangaben und weiterführende Literatur

[1]   Technische Regeln für die Verwendung von linienförmig
        gelagerten Verglasungen – Fassung August 2006
        DIBt Mitteilungen
[2]   Erläuterungen zu den „Technischen Regeln für die
        Verwendung von linienförmig gelagerten Verglasungen"
        – Fassung September 1998
        H. Charlier, F. Feldmeier, A. Reidt DIBt Mitteilungen
[3]   Technische Regeln für die Verwendung von
        absturzsichernden Verglasungen – Fassung Januar 2003
        DIBt Mitteilungen
[4]   Erläuterungen zu den „Technischen Regeln für die
        Verwendung von absturzsichernden Verglasungen
        – Fassung 2003, H. Schneider, J. Schneider, A. Reidt
        DIBt Mitteilungen
[6]   Technische Regeln für die Bemessung und Ausführung
        punktförmig gelagerter Verglasungen
        – Fassung August 2006, DIBt Mitteilungen
[6]   Glas im konstruktiven Ingenieurbau,
        Prof. Dr.-Ing. Bucak – Stahlbaukalender 1999
        Verlag Ernst & Sohn
[7]   Glas im konstruktiven Ingenieurbau,
        Sedlacek, Blank, Laufs, Güsgen – 1. Auflage 1999,
        Verlag Ernst & Sohn
[8]   Bauregelliste A, DIBt Mitteilungen
[9]   „Glaserlass" – Dezember 2004
        Hessisches Ministerium für Wirtschaft,
        Verkehr u. Landesentwicklung
[10] Verzeichnis der allgemeinen bauaufsichtlichen
        Zulassungen, Glas im Bauwesen,
        Schriften des DIBt, Reihe A

Einwirkungskombination	ΔT in K	$\Delta_{p\,met}$ in kN/m²	ΔH in m	p_0 in kN/m²
Sommer	+20	-2	+600	+16
Winter	-25	+4	-300	-16

Tabelle 1 (T1 aus TRLV):   Rechenwerte für klimatische Einwirkungen und den resultierenden Isochoren Druck p_0

Einwirkungskombination	Ursache für erhöhte Temperaturdifferenz	ΔT in K	Δp_0 in kN/m²
	Absorption zwischen 30% und 50%	+9	+3
	innen liegender Sonnenschutz (ventiliert)	+9	+3
Sommer	Absorption größer 50%	+18	+6
	innen liegender Sonnenschutz (nicht ventiliert)	+18	+6
	dahinter liegende Wärmedämmung (Paneel)	+25	+12
Winter	unbeheiztes Gebäude	-12	-4

Tabelle 2 (TB1 aus TRLV): Zusätzliche Werte für ΔT und Δp_0 zur Berücksichtigung besonderer Temperaturbedingungen am Einbauort.

Glassorte	Überkopfverglasung	Vertikalverglasung
ESG aus Spiegelglas	50	50
ESG aus Gussglas	37	37
Emailliertes ESG aus Spiegelglas[1]	30	30
Spiegelglas	12	18
Gussglas	8	10
Winter	15 (25[2])	22,5

Tabelle 3 (TB2 aus TRLV): [1] Emaille auf der Zugseite.
[2] nur für die untere Scheibe einer Überkopfverglasung aus Isolierglas beim Lastfall „Versagen der oberen Scheibe" zulässig.

Lagerung	Überkopfverglasung	Vertikalverglasung
vierseitig	1/100 der Scheibenstützweite in Haupttragrichtung	keine Anforderungen[2]
zwei-und dreiseitig	Einfachverglasung: 1/100 der Scheibenstützweite in Haupttragrichtung Scheiben der Isolierverglasung: 1/200 der freien Kante	1/100 der freien Kante 1/100 der freien Kante[2]

Tabelle 4 (T3 aus TRLV): [1] Auf die Einhaltung dieser Begrenzung kann verzichtet werden, sofern nachgewiesen wird, dass unter Last ein Glaseinstand von 5mm nicht unterschritten wird.
[2] Durchbiegungsbegrenzungen des Isolierglasherstellers sind zu beachten.

Kategorie	Einfachverglasung	Isolierverglasung	
		innen[1]	außen
A	VSG[4]	VSG[4] ESG[3] VG (aus ESG)[3] VSG[4]	beliebig[2] VSG[4] VSG[4] VSG[4]
B	VSG[4]		
C1, C2	VSG[4]	ESG[3] VSG[4] VSG[4]	VSG[4] beliebig[2] VSG[4]
C1, C2, allseitig linienförmig gelagert	VSG[4] ESG[3]	ESG[3] VSG[4] VSG[4]	beliebig[2] VSG[4] VSG[4]
C3	VSG[4]	VSG[4] ESG[3] VG (aus ESG)[3] VSG[4]	beliebig[2] VSG[4] VSG[4] VSG[4]

Tabelle 5 :

[1] Stoßzugewandte Seite (Angriffsseite)

[2] Spiegelglas, Gussglas (Drahtglas, Ornamentglas), Einscheiben-Sicherheitsglas, Verbund-Sicherheitsglas, Verbundglas, Teilvorgespanntes Glas und Borosilikatglas (die beiden letzt genannten nur mit abZ für die Verwendung im Rahmen der „TRLV")

[3] Anwendungsbereiche, in denen die teschnischen Bestimmungen ESG mit Heißlagerungsprüfung (heat-soak-test) fordern, ist ESG-H nach Bauregelliste A, Teil1, lfd. Nr. 11.4.2, zu verwenden.

[4] Dicken der Einzelscheiben von VSG dürfen sich nur um den Faktor 1,5 unterscheiden, z.B. VSG20 aus 12+8 mm ist noch zulässig.

	1	2	3	4
	Tellerdurchmesser in mm	Minimale Glasdicke TVG in mm	Stützweite in mm in Richtung 1	Stützweite in mm in Richtung 2
1	70	70	70	70
2	60	60	60	60
3	70	70	70	70
4	60	60	60	60
5	70	70	70	70

Tabelle 6 (T1 aus TRPV): Glasaufbauten mit nachgewiesener Resttragfähigkeit bei rechtwinkligem Stützraster
Bei den von der Rechteckform abweichenden Glasscheiben ist das umschließende Rechteck bei der Bezugnahme auf die Tabelle 1 maßgebend.

DIN 18065 Gebäudetreppen
Begriffe, Messregeln, Anforderungen
Wesentliche neue Regelungen in der Fassung DIN18065:2011-xx

Einleitung

Der Normenausschuss 005-09-86 „Treppen" hat die Inhalte und Bestimmungen der im Jahr 2000 erschienenen, aktuell gültigen DIN 18065:2000-01 aus gegebenem Anlass in verschiedenen Abschnitten maßgeblich überarbeitet. Eine erste Fassung dieser Überarbeitung wurde als Entwurf E DIN 18065:2009-09 veröffentlicht. Nachdem die Anwender dieser Norm im April 2010 Gelegenheit hatten, ihre Einsprüche im Rahmen der Einspruchssitzung vorzutragen, wurde die jetzt zum Druck freigegebene Neufassung im August 2010 im Normenausschuss abschließend beraten. Die jetzt freigegebene Neufassung DIN 18065:2011-xx wird voraussichtlich Anfang des Jahres 2011 erscheinen.

Die Norm wurde nicht nur inhaltlich sondern auch formal überarbeitet. Anstelle der bislang lediglich im Text vorgenommenen Unterscheidung zwischen Treppen in „Gebäuden im Allgemeinen" und Treppen in „Wohngebäuden mit bis zu zwei Wohnungen und innerhalb von Wohnungen" werden in der Neufassung die Regelungen für die beiden Anwendungsgebiete nebeneinander in zwei Spalten angegeben. In der linken Seitenhälfte werden Treppen in „Gebäuden im Allgemeinen" abgehandelt. In der rechten Seitenhälfte sind die Vorschriften für Treppen in „Wohngebäuden mit bis zu zwei Wohnungen und innerhalb von Wohnungen" angegeben. Damit wird die Lesbarkeit der Norm deutlich verbessert.

Damit auch der vorliegende Text einfacher zu lesen ist, werden an einigen Stellen in diesem Aufsatz anstelle der offiziellen Bezeichnungen folgende Kurzbezeichnungen verwendet:

- „DIN-alt" entspricht der korrekten Bezeichnung „DIN 18065:2000-01"
- „DIN-neu" entspricht der korrekten Bezeichnung „DIN 18065:2011-xx"

Bleibt anzumerken, dass das Ziel dieses Aufsatzes lediglich sein kann, sowohl die wesentlichen Neuerungen bzw. Änderungen zwischen den beiden Norm-Ausgaben aufzuzeigen als auch die Veranlassung für diese Veränderungen zu benennen. Ein vollständiger Kommentar aller Einzelheiten und Neuerungen der DIN-neu ist an dieser Stelle aufgrund des vorgegebenen Umfangs nicht möglich. Daher bleibt ein systematisches Studium der Norm DIN 18065:2011-xx für alle Anwender auch nach der Lektüre dieses Aufsatzes unentbehrlich.

Anforderungen an Gehbereich, Lauflinie und Verziehungsregeln bei gewendelten Läufen

Detaillierte Gegenüberstellung der Regelungen
Regelungen nach DIN 18065:2000-01 (DIN-alt):

In der DIN 18065:2000-01 wurden die Anforderungen an Gehbereich und Lauflinie bei gewendelten Treppen lediglich im Abschnitt 9 formuliert und lauten:

> *9.1-alt*
> *„Bei nutzbaren Laufbreiten bis 100 cm hat der Gehbereich eine Breite von 2/10 der nutzbaren Treppenlaufbreite und liegt im Mittelbereich der Treppen. Die Krümmungsradien der Begrenzungslinie des Gehbereichs müssen mindesten 30 cm betragen".*

> *9.2-alt*
> *„Bei nutzbaren Laufbreiten über 100 cm – außer bei Spindeltreppen – beträgt die Breite des Gehbereichs 20 cm. Der Abstand von der inneren Begrenzung der nutzbaren Laufbreite beträgt 40 cm."*

> *9.5-alt*
> *„Die Lauflinie kann vom Treppenplaner bei Treppen mit gewendelten Läufen frei innerhalb des Gehbereichs gewählt werden".*

Die entsprechende grafische Darstellung dieser Regelungen ist für eine linksgewendelte Treppe mit einer nutzbaren Laufbreite von 80 cm im Antritt und 120 cm im Austritt in Bild 1 dargestellt.

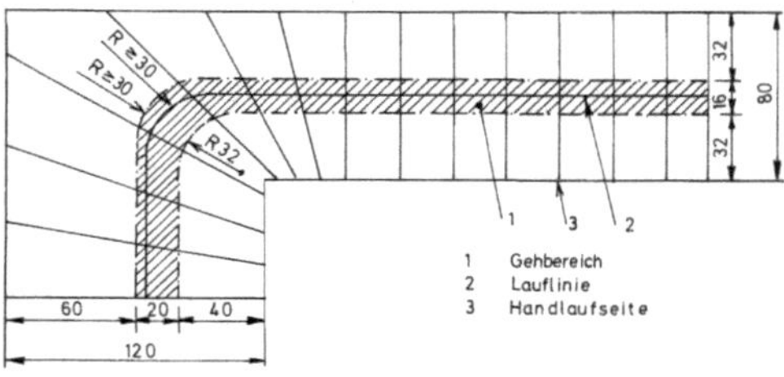

Bild 1:   Lauflinie und Gehbereich nach DIN-alt

Regelungen nach DIN 18065:2011-xx (DIN-neu)

In der DIN 18065:2011-xx werden vergleichbare Anforderungen jetzt an zwei Stellen des Normtextes definiert. Im Abschnitt 8 werden die Anforderungen an Gehbereich und Lauflinie in Bezug auf deren Krümmungsradien formuliert:

8.6-neu
„Krümmungsradien der Lauflinie entsprechen mindestens dem kleinsten Radius des zugehörigen Gehbereiches.

8.7-neu
Bei gewendelten Treppen müssen die Krümmungsradien der Begrenzungslinien des Gehbereichs mindestens dem Abstandsmaß zur Begrenzung der nutzbaren Laufbreite auf der Seite der kleineren Stufenbreiten entsprechen. Bei unterschiedlichen nutzbaren Laufbreiten innerhalb einer Treppe bildet das kleinere der beiden Abstandsmaße den Radius. Dies gilt auch Treppen mit Podesten, bei denen ein Richtungswechsel durch den Benutzer erfolgt.

Zusätzlich werden in Abschnitt 6 unter der Überschrift „Wendelstufen und Wendelung" ergänzende Regelungen wie folgt angegeben:

6.2.5-neu:
„Im geradläufigen Bereich eines Treppenlaufes dürfen aus einer Wendelung heraus nur bis zu einer Länge von 3,5xa gewendelte Stufen angeordnet werden.

Gemessen werden die 3,5xa an der kürzesten Seite der inneren Begrenzungslinie des geradläufigen Gehbereiches. Wird bei der Verziehung einer gewendelten Treppe eine allgemein anerkannte handwerkliche Verziehungsregel angewandt, insbesondere Verhältnis-, Winkel- oder Kreisbogenmethode, gelten diese Anforderungen nicht.

Die entsprechende grafische Darstellung der jetzt geltenden Regelungen ist für die bereits in Bild 1 nach DIN-alt verzogene Treppe nach DIN-neu aktualisiert und in Bild 2 dargestellt.

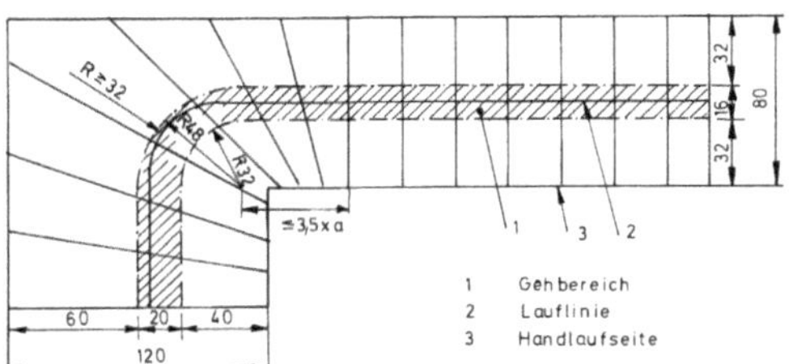

Bild 2: Lauflinie, Gehbereich und Anzahl der Wendelstufen nach DIN-neu

Erläuterungen zur Neuregelung

Bild 3 zeigt eine nach DIN-alt zulässige, viertelgewendelte Treppe mit sechzehn Steigungen.

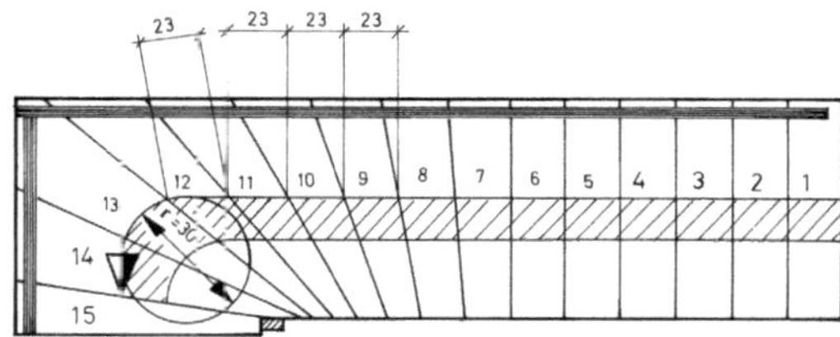

Bild 3: Treppe mit kleinster Gesamtlänge

Um die Gesamtlänge der Treppe so gering wie möglich zu halten, wurde die rechnerische Lauflinie auf den äußersten Rand des Gehbereichs gelegt. Der erforderliche Mindestauftritt von a = 23 cm ist für jede Stufe vorschriftsgemäß eingehalten und die Treppe weist den kleinsten möglichen Flächenbedarf auf. Um nicht mit der Wand zu kollidieren, muss der Nutzer der Treppe im Bereich der Stufen 12 und 13 die Lauf-richtung ändern. Da die Länge der Lauflinie auf der Stufe 12 in einem Winkel von ca. 45° gegenüber der Stufenachse geneigt gemessen wird, steht ihm auf der Stufe 12 anstelle der rechnerischen Auftrittsbreite von a = 23 cm nur noch eine effektive Auftrittsbreite von a = 17 cm zur Verfügung. Dies führte zu zahlreichen Stürzen beim Absteigen dieser Treppe im Bereich der Stufe 12.

Bild 4 zeigt eine, ebenfalls nach DIN-alt zulässige, viertelgewendelte Treppe mit fünfzehn Steigungen.

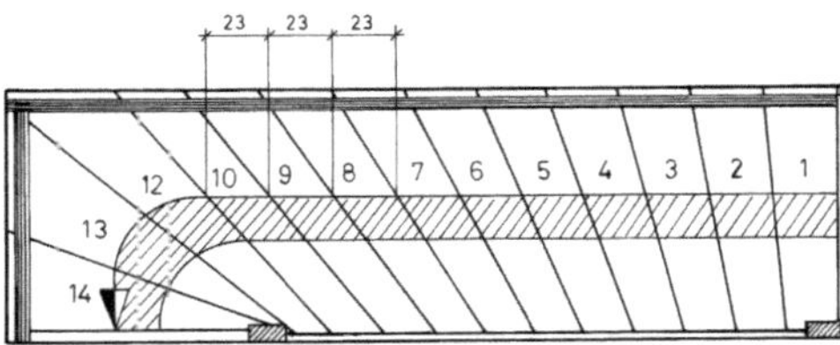

Bild 4: Treppe mit gleichmäßig verzogenen Stufen

Um die Lichtwange mit einer gleichmäßigen Steigung und somit gerade herstellen zu können, wurden die Auftrittsbreiten der Stufen 1 bis 12 an der Lichtseite gleich gewählt. Der zweite Effekt dieser Stufengeometrie ist die dadurch mögliche Form des Treppengeländers. Analog zur Lichtwange kann auch das lichtseitige Treppengeländer gerade ausgeführt werden. Gegenüber einer nach handwerklichen Regeln (z.B. Verhältnis- oder Winkelmethode) verzogenen Treppe kann die hier ausgeführte Treppe erheblich preisgünstiger hergestellt werden. Der Preisvorteil war bei diesem Beispiel derart groß, dass diese Treppe in einem Neubaugebiet in einer dreistelligen Anzahl hergestellt und eingebaut wurde.

Auf diesen so eingebauten Treppen erfolgte eine Vielzahl von Stürzen. Ursache dafür ist, dass der Benutzer durch die Art und Weise der Verziehung gegen die Treppenraumwand hin gelenkt wird, aus dem Tritt kommt und stürzt.

Wie die in DIN-neu eingeführten Neuregelungen Negativbeispiele, vergleichbar mit den in Bild 3 und Bild 4 dargestellten Treppengrundrissen, zukünftig zu verhindern versuchen, kann am besten grafisch dargestellt werden.

Während in Bild 5a eine nach DIN-alt noch mögliche Treppe, d.h. ohne Begrenzung auf ein Maß von 3,5 x a, dargestellt ist, zeigt Bild 5b, wie die Verziehung unter Einhaltung der neuen Regelung aussehen müsste.

Bild 5a: Verziehungsmöglichkeit nach DIN-alt

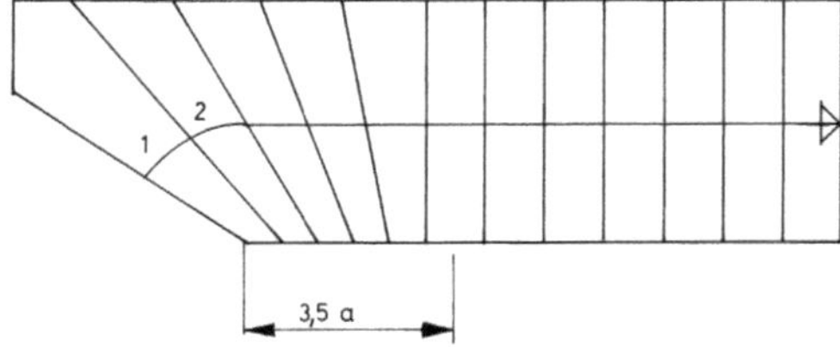

Bild 5b: Verziehungsanforderung nach DIN-neu

Anforderungen an Toleranzen im Wendelungsbereich

Gegenüberstellung der Regelungen

In der DIN 18065:2000-01 wurden die Anforderungen an den Auftritt im Wendelungsbereich bei halb- und viertelgewendelten Treppen wie folgt formuliert:

8.3-alt
„Bei halb- und viertelgewendelten Treppen darf von 8.1 und 8.2 für den Auftritt im Wendelungsbereich abgewichen werden wenn die Verziehung der Stufen dies erfordert und ein stetiges Stufenbild erreicht wird."

In der DIN 18065:2011-xx werden die Angaben jetzt präzisiert:

7.5-neu
„Bei gewendelten Treppen darf im Bereich der gewendelten Stufen der Treppenauftritt bis zu 15 mm über das

Nennmaß vergrößert werden, wenn dadurch ein stetiges Stufenbild erreicht wird.

Erläuterungen zur Neuregelung

Die Regelung dient dazu, sehr schmale (regional auch als „Heringsstufe" bezeichnete) Stufen zu vermeiden.

Da die Formulierung des Abschnittes 8.3, DIN-alt im juristischen Sinne sehr oft so ausgelegt wurde, dass im Wendelungsbereich von halb- und viertelgewendelten Treppen alle Vorschriften für Schrittmaß und Maß des Auftrittes außer Kraft gesetzt seien, wurden die Formulierung in der DIN-neu präzisiert.

Hinweis: Die in Bild 3 des vorliegenden Textes dargestellte Stufe 12 hätte auch trotz dieser Regelung nicht auf Kosten der angrenzenden Stufen 11 und 13 verbreitert werden können, da die angrenzenden Stufen bereits das absolute Mindestmaß im Auftritt von a = 23 cm aufweisen. Nach wie vor gilt, dass Mindestmaße immer strikt einzuhalten sind.

Anforderungen an den Mindestauftritt an der Schmalseite von Wendelstufen

Gegenüberstellung der Regelungen

In der DIN 18065:2000-01 wurden die Anforderungen an den Mindestauftritt von Wendelstufen wie folgt formuliert:

6-8-alt
In Wohngebäuden mit nicht mehr als zwei Wohnungen und innerhalb von Wohnungen müssen Wendelstufen im Abstand von 15 cm von der inneren Begrenzung der nutzbaren Treppenlaufbreite einen Mindestauftritt von 10 cm haben. Der Mindestauftritt wird parallel zur inneren Begrenzung des Gehbereichs gemessen; im Bogen gilt das Sehnenmaß als Mindestauftritt. ...

In sonstigen Gebäuden müssen Wendelstufen an der inneren Begrenzung der nutzbaren Treppenlaufbreite einen Auftritt von mindestens 10 cm haben.

In der DIN 18065:2011-xx lauten die Angaben jetzt folgendermaßen:

6.2.1-neu:
Wendelstufen müssen an der schmalsten Stelle der inneren Begrenzung der nutzbaren Laufbreite einen Auftritt von mindestens 10 cm bei Gebäuden im Allgemeinen und 5 cm bei Wohngebäuden mit bis zu zwei Wohnungen und innerhalb von Wohnungen haben.

6.2.2-neu:

Der Auftritt von Wendelstufen muss für jede Stufe an der schmalsten Stelle zur Wendelungsecke hin gleich bleibend sein oder stetig abnehmen.

Gemessen wird die schmalste Stelle jeder Wendelstufe:

a) an der inneren Begrenzung der nutzbaren Laufbreite

oder

b) bei Tragbolzentreppen nach DIN 18069 oder vergleichbaren Konstruktionsarten in der Bolzenkonstruktionslinie.

6.2.3-neu

Der Mindestauftritt von Wendelstufen an der schmalsten Stelle wird parallel zur inneren Begrenzung des Gehbereichs gemessen; im Bogen oder der Winkelausbildung gilt das Sehnenmaß als Mindestauftritt.

Erläuterungen zur Neuregelung

Die neue Regelung gewährleistet ein stetiges Stufenbild und ist für die Überprüfung vor Ort deutlich praktikabler. Die Bilder 6 und 7 verdeutlichen die entsprechenden Vorgaben der DIN-neu.

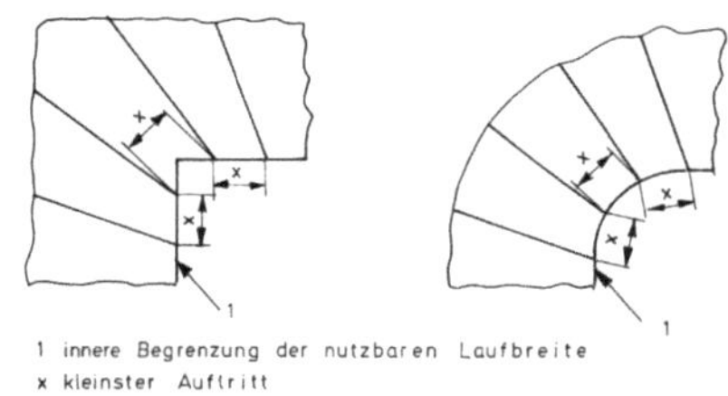

Bild 6:　Auftritt von Wendelstufen an der schmalsten Stelle

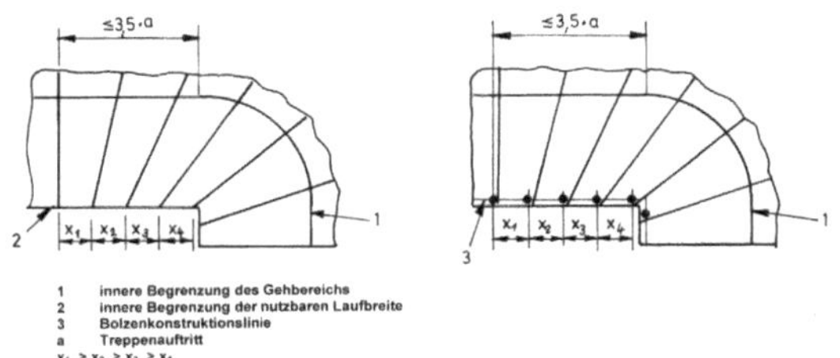

Bild 7:　Messregel für den Auftritt an der schmalsten Stelle

Anforderungen an Treppenpodeste

Gegenüberstellung der Regelungen

In der DIN 18065:2000-01 wurden die Anforderungen an die nutzbare Treppenpodesttiefe wie folgt formuliert:

6.3.1-alt:

Die nutzbare Treppenpodesttiefe muss mindestens der Treppenlaufbrei-te entsprechen".

In der DIN 18065:2011-xx lauten die Angaben jetzt folgendermaßen:

6.3.1-neu

Die nutzbare Treppenpodestbreite b_p und -tiefe t_p muss mindestens der nutzbaren Treppenlaufbreite entsprechen. Dies gilt auch, wenn das Treppenpodest Teil der Geschossdecke ist.

6.3 4-neu

Bei Gebäuden im Allgemeinen beträgt der Auftritt mindestens 3 Auftritte (3 a) des Treppenlaufes, bei Wohngebäuden mit bis zu zwei Wohnungen und innerhalb von Wohnungen beträgt der Auftritt bei Podesten mindestens 2,5 Auftritte (2,5 a) des kleinsten der anschließenden Treppenläufe.

Erläuterungen zur Neuregelung

Die Bilder 8 und 9 stellen die entsprechenden Angaben des Abschnitts 6.3.1-neu grafisch dar. In Bild 8 wird außerdem der Podestbereich in der Außenecke eindeutig definiert. Dieser Bereich ist nicht notwendigerweise freizuhalten. Dort könnten beispielsweise Einbauteile (z.B. Rohrleitungsschächte o.ä.) angeordnet werden.

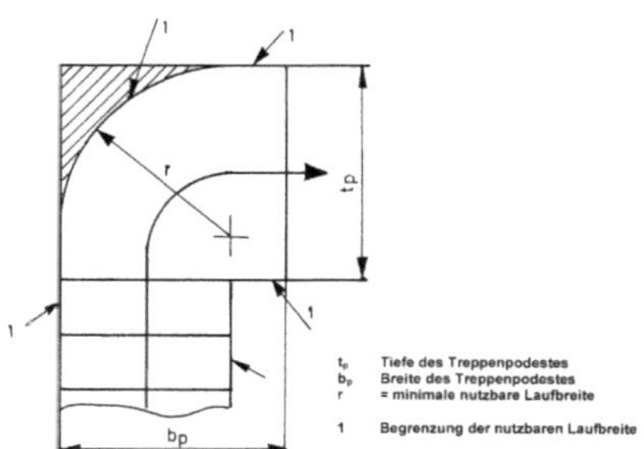

Bild 8:　Nutzbare Treppenpodestbreite und Tiefe

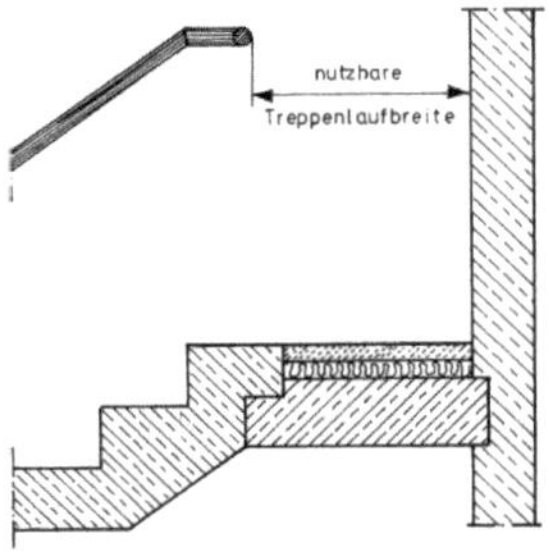

Bild 9　Pocestbre te auf der Geschossdecke

Die Messregeln für die in Abschnitt 6.4.3-definierten Mindestauftrittsmaße sind in Bild 10 für Podeste in beiden Gebäudearten eingetragen.

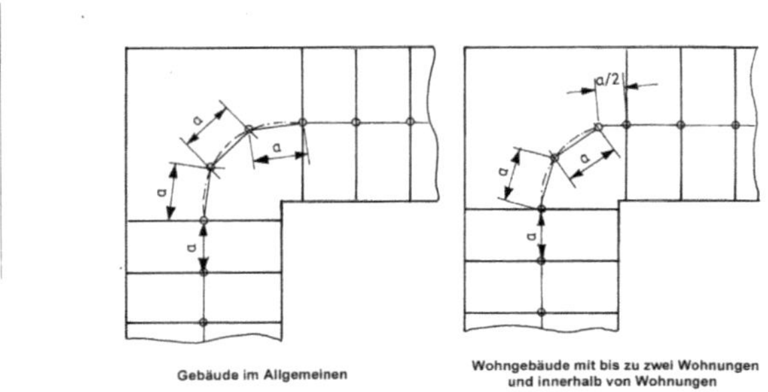

Bild 10: Messregeln für den Mindestauftritt bei Podesten

Anforderungen an Geländer, Umwehrungen und Handläufe

Gegenüberstellung der Regelungen

Für Geländerhöhen gelten unverändert die Anforderungen nach dem Bauordnungs-recht und dem Arbeitsstättenrecht. Die Regelungen von DIN-alt und DIN-neu unterscheiden sich nicht.

Für Öffnungen in Geländern wurden die Anforderungen präzisiert:

6.9.3-alt
„In Gebäuden, in denen mit der Anwesenheit von unbeaufsichtigten Kleinkindern zu rechnen ist, sind Treppengeländer so zu gestalten, dass ein Überklettern des Treppengeländers durch Kleinkinder erschwert wird. Dabei darf der lichte Abstand von Geländerteilen in einer Richtung nicht mehr als 12 cm betragen.
Dies gilt nicht für Wohngebäude mit nicht mehr als zwei Wohnungen.

6.8.3-neu
„In Gebäuden, in denen mit der Anwesenheit von unbeaufsichtigten Kleinkindern zu rechnen ist, darf der lichte Abstand von Geländerteilen in einer Richtung nicht mehr als 12 cm betragen und die Geländer sind so zu gestalten, dass ein Überklettern des Treppengeländers erschwert wird, z.B. durch Anordnung senkrechter Stäbe oder einer Scheibe im unteren Bereich bis zu einer Höhe von 70 cm oder einem um mindestens 15 cm nach innen gezogenen Handlauf (siehe Bild 11).

In Wohngebäuden mit bis zu zwei Wohnungen und innerhalb von Wohnungen gibt es keine Anforderungen an Öffnungen in Geländern nach dieser Norm.

Die Abstände von Geländern neben und über Treppenläufen oder Treppenpodesten sind in den Abschnitten 6.8.4-neu und 6.8.5-neu gegenüber der geltenden Fassung präzisiert. Auf eine Wiedergabe der Textstellen wird aus Gründen der Übersichtlichkeit hier verzichtet.

Für die allgemeinen Anforderungen an Handläufe gilt das gleiche. Auch hier sind sehr detaillierte Regelungen in der DIN-neu, dort in den Abschnitten 6.9.1-neu und 6.9.2-neu, angegeben.

Die Anforderungen an die Höhenlage bei versetzten und/oder unterbrochenen Handläufen werden in der DIN 18065:2011-xx erstmalig definiert:

6.9.3-neu
Für Gebäude im Allgemeinen gilt: „Treppenhandläufe sollten durchgehend ausgeführt werden."

Für Wohngebäude mit bis zu zwei Wohnungen und innerhalb von Wohnungen gilt: „Treppenhandläufe können in den Ecken im Wendelungsbereich unterbrochen sein. Bei notwendigen Treppen muss der lichte Abstand einer Handlaufunterbrechung > 5 cm und ≤ 20 cm betragen. Dabei darf der Höhenversatz der Handläufe an der Oberkante höchstens 20 cm betragen.
Die Höhe des ankommenden Handlaufs darf nicht über dem weiterführenden Handlauf liegen.

Erläuterungen zur Neuregelung

Nach Meinung des Normenausschusses sind Gebäude, bei denen in der Regel nicht mit der Anwesenheit von unbeaufsichtigten Kleinkindern zu rechnen ist, insbesondere industrielle und gewerbliche Anlagen, Betriebsstätten, Lagerhäuser, Handwerksbetriebe, Bühnenbereiche von Versammlungsstätten und ähnliche Gebäude, die entsprechend abgeschlossen sind. Ferner interne Bereiche von Gebäuden, die vornehmlich zur Wartung betreten werden und nicht allgemein zugänglich sind. Bei allen übrigen Gebäuden muss i.d.R. mit der Anwesenheit von unbeaufsichtigten Kleinkindern gerechnet werden.

Es gibt vielfältige Möglichkeiten, Kleinkindern das Überklettern der waagerechten Geländerstäbe zu erschweren. Um eine Orientierung zu geben, hält die DIN-neu die hier in Bild 11 dargestellten Varianten bereit.

Hinweis: Diese Abbildungen stellen nur eine Möglichkeit, wie das Schutzziel umgesetzt werden kann, dar. Andere sinnvolle Maßnahmen sind dadurch nicht ausgeschlossen.

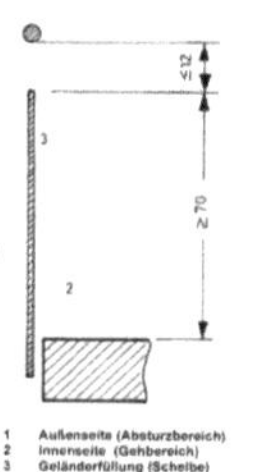 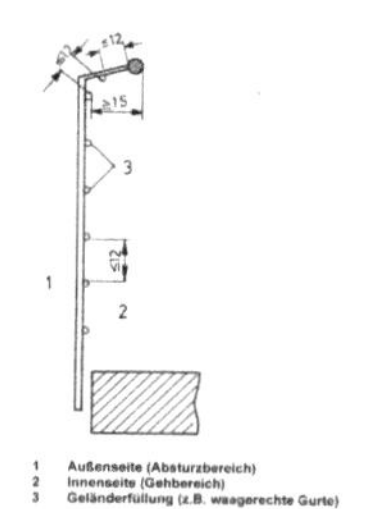

Bild 11 Beispiele für die Erschwerung des Überkletterns
a) Scheibe bis zu 70 cm Höhe   b) nach innen gezogener Handlauf

Nach dem Verständnis des Normenausschusses ist der in DIN-neu verwendete Begriff des „griffsicheren Handlaufs" ein Handlauf mit einer zu greifenden Breite von mindestens 2,5 cm und höchsten 6 cm.

Da in der DIN-alt Regelungen für die Unterbrechung von Handläufen fehlen, konnte bislang theoretisch das in Bild 12 dargestellte Beispiel mit einem Höhenversatz von 60 cm in Gebäuden eingebaut werden.

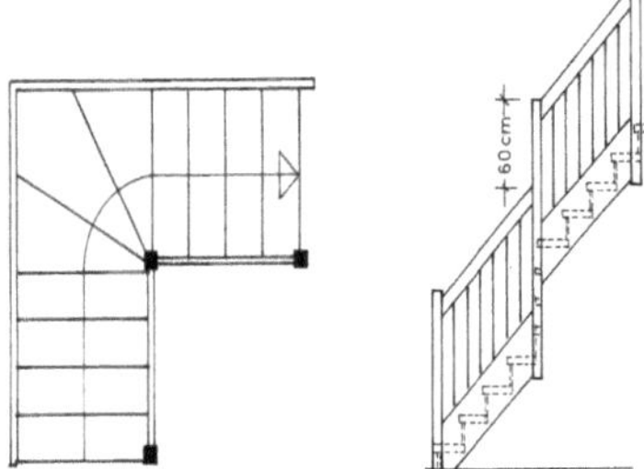

Bild 12: Höhenversetzter Handlauf

Damit zukünftig derartige Fälle ausgeschlossen werden, werden die in Abschnitt 6.9.3-neu beschriebenen Regelungen in Bild 13 grafisch erläutert.

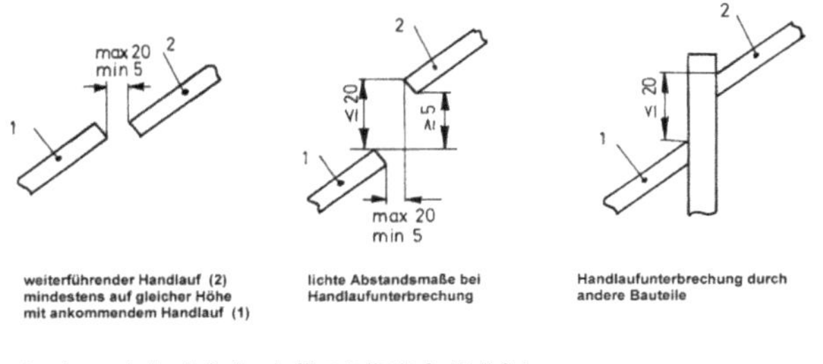

Bild 13: Beispiele für Handlaufunterbrechungen bei gewendelten Treppen

Anforderungen bei Außentreppen

Gegenüberstellung der Regelungen

Da die DIN 18065 für Treppen in und an Gebäuden gilt, muss diese Norm auch für außen liegende Zugangstreppen zu Gebäuden angewendet werden. Dabei müssen u.a. die Angaben zu den Toleranzen der Treppenstufen gegenüber der waagerechten Nennlage beachtet werden. Während die absoluten Toleranzwerte in DIN-alt und DIN-neu gleich sind, enthält die DIN 18065:2011-xx als Neuerung folgende Zusatzregelung:

> *7.10-neu:*
> *„Stufen und Podeste von Treppen, die der Witterung ausgesetzt sind, müssen ein ausreichendes Gefälle aufweisen, um Niederschlagswasser schnell und sicher abzuleiten. Eisbildung auf Treppen wird vermieden, wenn das den Oberflächenunebenheiten zufließende Wasser nicht zum Stillstand kommt."*

Erläuterungen zur Neuregelung

Die Gefällesituation bei Außentreppen führte oft zu Auseinandersetzungen. Im Regelfall sollen Treppenstufen in Laufrichtung waagerecht verlegt werden. In Richtung der Auftritt-Tiefe ist im eingebauten Zustand eine Toleranz von ± 1,0 % sowohl nach DIN-alt als auch nach DIN-neu erlaubt. Danach dürften im Freien liegende Treppenstufen sogar mit einem Gefälle in Laufrichtung DIN-gerecht verlegt sein. Dies kann jedoch zur Wasseransammlung und im Winter zu einer nicht unerheblichen Rutschgefährdung führen. Aus diesem Grund ist die o.a Regelergänzung jetzt Bestandteil der DIN-neu.

Hinweis: Weiterführende Regelungen enthalten z.B. die Bautechnischen Informationen BTI 1.3 des Deutschen Natur-Werksteinverbandes.

Anforderungen an Stufenvorderkanten mit Profilen

Gegenüberstellung der Regelungen

Während die DIN-alt keine exakten Angaben zur Auftrittsbreite bei profilierten Stufenvorderkanten macht, enthält die DIN-neu folgende Regelung:

> *4.3-neu:*
> *„Das Maß a wird waagerecht von der Vorderkante einer Treppenstufe bis zur Vorderkante der folgenden Treppenstufe in der Lauflinie gemessen.*
> *ANMERKUNG: Bei stark abgerundeten oder gefasten Stufenvorderkanten im Auftrittsbereich kann sich die Lauflinie verlängern"*

Erläuterungen zur Neuregelung

Die Stufenvorderkanten werden in der Regel gefast oder gerundet. Falls die Profilierung einen großen Durchmesser erhält, kann dieser Bereich nicht mehr zum Auf-trittsmaß gezählt werden. Es wurde ein Grenzradius von 8 mm festgelegt. Überschreitet der Radius den Wert 8 mm, so muss der Abzug vom Maß a erfolgen.

Hinweis: Bei einem Radius r > 8 mm verlängert sich durch die geänderte Messregel die Lauflinie. Bild 14 stellt die zu unterscheidenden Messregeln grafisch dar.

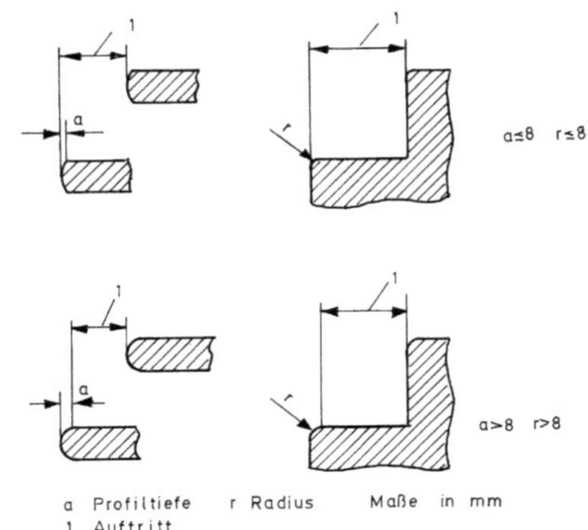

Bild 14: Messregel für Stufenvorderkanten mit Profilen

Anforderungen an Öffnungen zwischen Stufen

Gegenüberstellung der Regelungen

Während die DIN-alt keine exakten Angaben zum Öffnungsmaß zwischen zwei Treppenstufen macht, enthält die DIN-neu für Treppen in Gebäuden im Allgemeinen folgende Regelung:

> *4.7-neu:*
> *„Der lichte Stufenabstand als lotrechtes Fertigmaß wird bei Plattenstufen zwischen Trittfläche und Unterfläche der darüber liegenden Stufe gemessen."*

Erläuterungen zur Neuregelung

Die Neuregelung gilt nur für Treppen in Gebäuden im Allgemeinen, für Treppen in Wohngebäuden mit bis zu zwei Wohnungen und innerhalb von Wohnungen setzt die DIN-neu diese Regelung nicht fest.

Der absolute Abstand wird auf 12 cm begrenzt. Zusätzlich wird gefordert, dass der Abstand bei Öffnungen zwischen den Stufen mindestens 7 cm betragen muss. Mit dieser Regelung soll verhindert werden, dass sich der Nutzer beim Aufsteigen der Treppe einen Fuß zwischen den Stufen einklemmen kann. Die einzuhaltenden Mindestgrenzen sind in Bild 15 dargestellt.

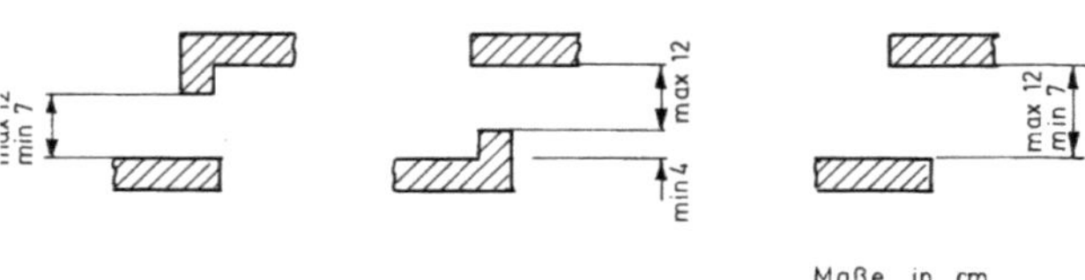

Bild 15: Beispiele für Öffnungen zwischen den Stufen

Zusammenfassung

Die neu formulierte DIN 18065:2011-xx greift in hohem Maß in die Verziehungsregeln von Treppen ein. Es besteht die Hoffnung, dass dadurch eine Vielzahl gefährlicher Treppen vermieden wird. Ferner werden die in den letzten 10 Jahren gemachten Erfahrungen verwertet und Forderungen spezifiziert. Hilfreich dabei waren zahlreiche Anfragen von Sachverständigen und Treppenplanern.

Im vorliegenden Beitrag werden die wichtigsten Neuerungen ohne Anspruch auf Vollständigkeit aufgeführt. Dabei wird bewusst auf die Wiedergabe aller Maßtabellen etc. verzichtet. Die Anwendung der neuen Vorschrift setzt ein in jedem Fall ein intensives Studium der Materie voraus.

Treppen und Geländer
– Anforderungen, Treppensysteme, Fehler und Mängel

Einleitung

Je eingehender man sich mit dem Problemfeld Treppe auseinandersetzt, um so mehr stellt man fest, wie vielfältig und komplex diese Aufgabe ist. Neben einer Fülle von ineinander verzahnten rechtlichen Vorschriften, der Fragestellung, ob eine bauaufsichtliche Zulassung erforderlich ist oder nicht, sind die einschlägigen Bemessungsvorschriften zu beachten.

Als dreidimensionales System ist eine zuverlässige statische Berechnung nur als Computermodell möglich. Dabei müssen zu einer wirtschaftlichen Analyse oft nichtlineare Werkstoffbedingungen angesetzt werden. Außer den Anforderungen an die Standsicherheit ist der Nachweis der Gebrauchstauglichkeit zwingend. Bei weichen Konstruktionen erfordert dies eine dynamische Analyse, um kritische Eigenfrequenzen zu unterbinden. Schließlich soll eine Treppe dem Bauherrn gefallen.

Architektonische Gesichtspunkte spielen also auch eine nicht unbedeutende Rolle. Letztendlich entscheidet jedoch der Preis über den Auftrag. Doch die Wahl des billigsten Anbieters muss nicht immer die beste sein, sondern eröffnet wegen der oft im Nachhinein festgestellten Mängel den Anwälten, Sachverständigen und Gerichten ein weites Feld.

Wichtige Regelwerke bei Treppen

- Landesbauordnungen
- DIN 18065, 2001-01 „Gebäudetreppen"
  (Entwurf der Neufassung E-DIN 18065, 2009-09)
- Regelwerk Handwerkliche Holztreppen [1]
- ETAG 008 – Januar 2001 Leitlinie für europäische
  technische Treppen – Zulassungen für vorgefertigte
  Treppenbausätze [2]
- DIN 1055 Teil 3, 2002-10
  Einwirkungen auf Tragwerke
- Einschlägige Berechnungsvorschriften
  zu verschiedenen Materialien
- Vorschriften zum Brandschutz

Geregelte und ungeregelte Treppensysteme

In Bild 1 werden die grundsätzlichen bauaufsichtlichen Regelungen für Bauprodukte dargestellt. Unter dem immer wieder gebrauchten Begriff „geregelte Bauprodukte" oder „geregelte Baustoffe" versteht man Produkte oder Baustoffe, deren Anwendung durch eingeführte Vorschriften geregelt ist, z.B. Stahlbeton nach DIN 1045 oder Holz nach DIN 1052. Bild 2 zeigt dann die detaillierte Anwendung der Regelungen auf Treppen.

Nach Bild 2 werden gemäß den baurechtlichen Anforderungen drei verschiedene Gruppen von Treppen unterschieden.

Treppen aus geregelten Baustoffen
Solche Treppen lassen sich nach den einschlägigen DIN-Vorschriften bemessen und ausführen. Beispiele sind Stahlbetontreppen nach DIN 1045, Stahltreppen nach DIN 18800 oder Holztreppen nach DIN 1052. Der statische Nachweis von Holztreppen ist in vielen Fällen nach DIN 1052 nicht möglich, da bei Verbindungsmitteln die erforder-lichen Randabstände nicht eingehalten werden können und deshalb wieder nur der Weg über das Zulassungsverfahren möglich ist. Damit bleibt der Anwendungsbereich meist auf geradläufige Treppen begrenzt. Eine europäische Berechnungsnorm für Holztreppen ist in Vorbereitung.

Treppen aus nicht geregelten Baustoffen
(zulassungspflichtig)
Diese Gruppe umfasst Treppen aus Materialien wie Naturstein, Betonwerkstein, Glas, HPL-Schichtstoff etc. sowie Verbindungen, die sich nicht im Rahmen der eingeführten Vorschriften bemessen lassen. Holztreppen, die erheblich vom „Regelwerk handwerkliche Holztreppen" abweichen, sind ebenfalls zulassungspflichtig. Bolzentreppen nach DIN 18069 sind zwar genormt aber der Einsatz von Naturstein, Betonwerkstein, Holzwerkstoff etc. zwingt dann doch wieder zur Zulassung.

Häufige Konstruktionsarten sollen nachfolgend vorgestellt werden.

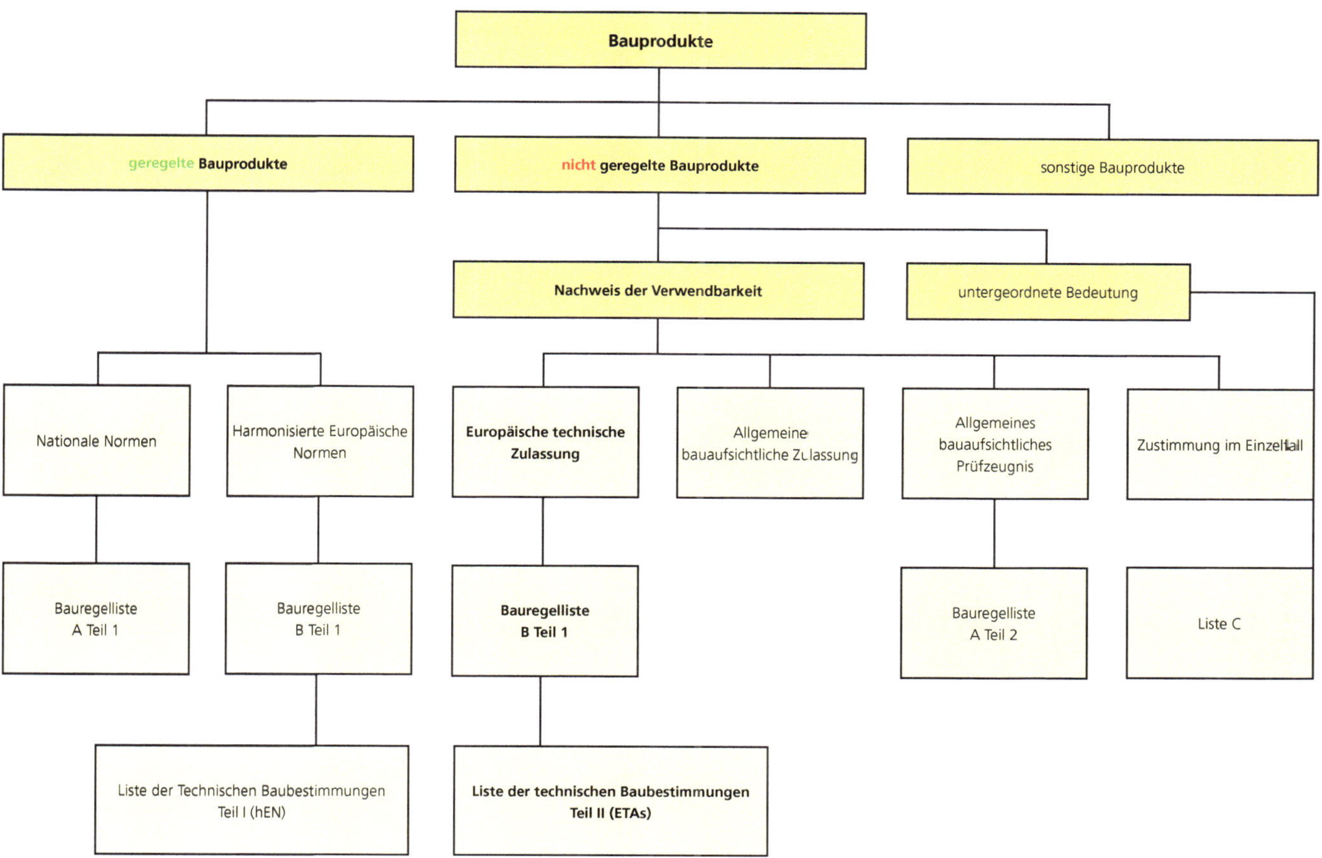

Bild 1 Grundsätzliche bauaufsichtliche Regelungen für Bauprodukte
Quelle: Dipl.-Ing. Kummerow, Referatsleiter Treppen im DIBt

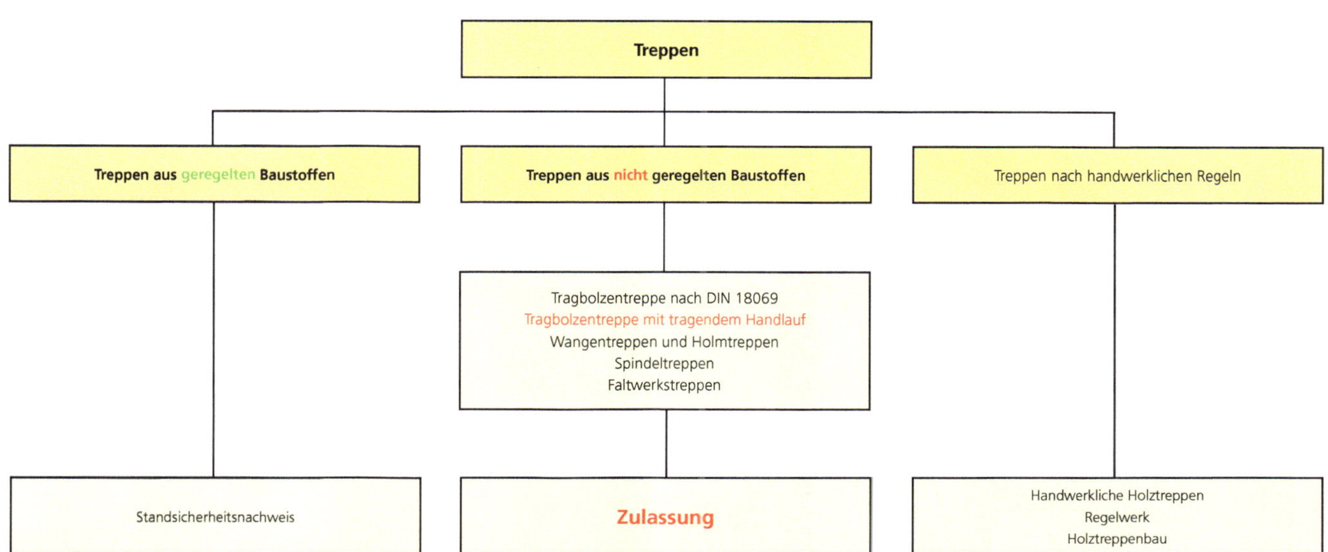

Bild 2 Übersicht über geregelte und nicht geregelte Treppensysteme
Quelle: Dipl.-Ing. Kummerow, Referatsleiter Treppen im DIBt

a) WF-2-Steintreppe (Kenngott)

b) WE-1 Holztreppe mit Wandwange (DAUB)

Bild 3 Tragbolzentreppen nach DIN 18069

a) Geländertragende Treppe mit
Wandwange (Krieger-Werksfoto)

b) Geländertragende Treppe wandfrei
(HGM-Werksfoto)

Bild 4 Geländertragende Holztreppen

a) Mittelholmtreppe
(DAUB-Werksfoto)

b) Mittelholmtreppe-Faltwerk
(DAUB-Werksfoto)

Bild 5   Mittelholmtreppen

a) Faltwerktreppe mit Wandwange
(DAUB-Werksfoto)

Bild 6   Faltwerktreppen

b) Faltwerk mit Zinkenverbindung
(Zeitform-Werksfoto)

a) Holztreppe
b) Steintreppe

Bild 7 Spindeltreppen

a) Kragstufentreppe
(HGM-Werksfoto)
b) Kragstufentreppe mit Podest

Bild 8 Kragstufentreppe

Bild 9 HPL-Schmalwangentreppe (System Krieger)

Bild 10 Regelwerk Handwerkliche Holztreppen

Ausschnitt Untersicht

Handwerkliche Holztreppen nach Regelwerk Holztreppenbau

Das Regelwerk Holztreppenbau beschreibt detailliert die Konstruktionsanforderungen an Holztreppen. Treppen, die diesem Regelwerk entsprechen, sind standsicher und bedürfen keines weiteren statischen Nachweises. Im Geltungsbereich liegen Treppen in Gebäuden mit nicht mehr als zwei Wohneinheiten. Die maximale Treppenlaufbreite beträgt 1,10 m. Die Treppen dürfen im Grenzfal 18 Steigungen haben. Das Regelwerk gilt für gestemmte und aufgesattelte Treppen und deren Mischformen. Die Verkehrslast ist gemäß Geltungsbereich auf 3,50 kN/m² begrenzt.

Bild 11 zeigt eine Regelwerkstreppe mit Setzstufen und eine Treppe ohne Setzstufen.

Fehlende Zulassung bei Treppen

Die in Bild 2 aufgeführten Treppen aus nicht geregelten Baustoffen benötigen eine bauaufsichtliche Zulassung. Seit dem Jahr 2009 sind alle nationalen Treppenzulassungen abgelaufen. Es werden nur noch europäische technische Treppenzulassun-gen (ETAs) erteilt. Die Herstellung solcher Treppen erfordert zusätzlich eine Güteüberwachung. Natursteinstufen werden in der Regel aus zwei Einzelplatten mit zwischen liegender Klebefuge hergestellt. Beim Vorliegen einer ETA und dem Nach-weis der Güteüberwachung darf die Treppe mit dem CE-Zeichen versehen werden. Holzwangentreppen, die „erheblich" vom Regelwerk „Handwerkliche Holztreppen" [1] abweichen, benötigen ebenfalls eine Zulassung. Näheres ist in [3] beschrieben.

Aus Unkenntnis oder um die Zulassungskosten zu sparen, werden zahlreiche Treppen ohne Zulassung eingebaut. Dies kann weit reichende Folgen haben und ggf. zum Ausbau der Treppe führen. In einem Streitfall wurde bspw. der Hersteller einer Mittelholmtreppe ohne Zulassung und ohne Leimnachweis nach Ablauf der Gewährleis-tungsfrist wegen arglistiger Täuschung rechtskräftig verurteilt.

Zu einem anderen Fall wird eine Treppe gezeigt, deren Natursteinstufen zwar verklebt waren aber keine Zulassung besaßen. Die Bauaufsicht stellte dies bei der Abnahme fest und verlangte den Ausbau oder eine bauaufsichtliche Zustimmung im Einzelfall. Der Nachweis der Tragfähigkeit konnte mittels eines Belastungsversuchs in der Örtlichkeit erbracht werden (Bild 12).

Bild 11   Ausgeführte Treppen nach Regelwerk (DAUB-Werksfoto)

Bild 12   Belastungsversuch mit angehängten Gewichten

Nicht verklebte Steinstufen sind grundsätzlich als tragende Stufen verboten, da sie bei einer Grenzbelastung keine Resttragtragfähigkeit besitzen und deshalb schlagartig versagen.

Bild 13 zeigt die Zugangstreppe zu einem öffentlichen Gebäude. Auf Stahlwangen sind 80 mm dicke Granitplatten freitragend verlegt. Die Platten haben weder eine Verklebung noch eine Armierung. Bei einer Überbelastung kann ein schlagartiger Bruch eintreten. Für solche Konstruktionen werden keine Zulassungen erteilt.

Bild 13   Freitragende Stufen ohne Verklebung der Trittstufen

Tragbolzentreppen aus Stein

Bild 14 soll das Tragverhalten der Bolzentreppe nach DIN 18069 verdeutlichen.

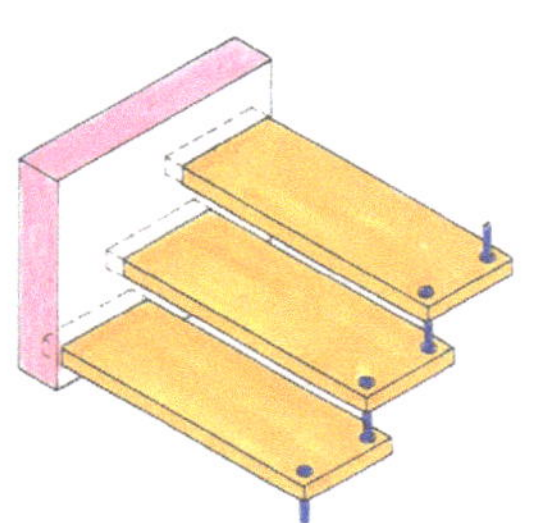 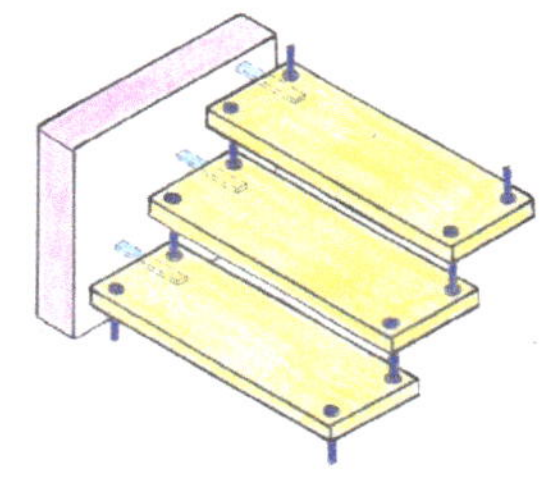

a) WE-1-Treppe   **b)** WF-2-Treppe
Bild 14   Statisches System der Tragbolzentreppen

Wesentliche Beanspruchung bei Bolzentreppen sind Torsionsmomente in den Trittstufen. In der ersten und letzten Stufe treten die Maximalwerte auf. Sie führen an der Wandseite zu abhebenden Lagerkräften. Bild 14 zeigt die Tragwerksmodelle. WE-1 ist die Bezeichung für „wandeingebunden mit einem Bolzen" und WF-2 die Bezeichnung für „wandfrei mit zwei Bolzen". Die WE-1-Treppe benötigt Wandauflasten. Die WF-2-Treppe erfordert eine

zugfeste Verankerung an der Wandseite. Fehlt die Wandauflast oder die Verankerung, so kann dies zum Abheben der Wand oder des Bodenbelags führen.

Verklebte Natursteinstufen müssen nach DIN 18069 „Tragbolzentreppen" in eine Festigkeitsklasse eingestuft werden. Die Festigkeitsklasse wird im Rahmen der Erstprüfung und Güteüberwachung geprüft und muss auf dem Lieferschein angegeben werden. Die Prüfung und Klassifizierung erfolgt durch einen Torsionsversuch gemäß Bild 15.

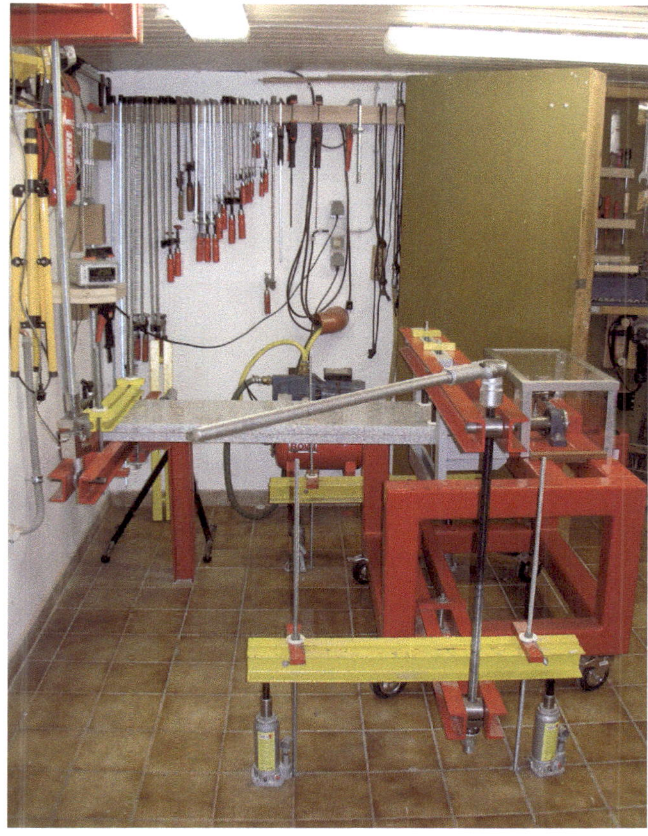

Bild 15   Torsionsversuch und typisches Bruchbild

Entsprechend der Festigkeitsklasse sind in den Zulassungen Laufbreite und Steigungszahl festgelegt. Häufige Mängel sind Stufen ohne Güteüberwachung vom Hersteller A und von anderen Zulassungen kopierte Verbindungselemente des Herstellers B. Für solche Treppen lässt sich bei einer erforderlichen Begutachtung in der Regel kein zerstörungsfreier Nachweis der Tragfähigkeit führen. Sie müssen ausgebaut werden.

Derzeit existiert keine Zulassung für freitragende verklebte Steinstufen im Außen-bereich. Die üblicherweise verwendeten Kleber verlieren ihre Tragfähigkeit bei ca. 40 Grad Celsius. Die Anwendung verklebter Natursteinstufen im Außenbereich ist deshalb nicht erlaubt.

Sind die Teilplatten beim Verkleben nass oder liegt Staub auf deren Oberfläche, so lösen sich die Teilplatten und es kommt zum Stufen-bruch wie Bild 16 zeigt. Solche Verklebefehler lassen sich leicht feststellen, wenn die Stufen beim Anklopfen hohl klingen. Derartige Stufen müssen ausgetauscht werden.

Bild 16   Ablösung der Einzelplatten

Übliche Tragbolzen haben gemäß Zulassung Randabstände von 5 bis 6 cm. Es gibt Zulassungen, welche zur Überbrückung von Wandöffnungen die Verwendung von verstärkten vorgespannten Bolzen oder von Doppelbolzen gestatten. Diese Bolzen müssen Querbiegemomente übertragen. Die erforderliche Querbiegefestigkeit wird nur bei ausreichend großen Randabständen erreicht. Bild 17 zeigt einen zu geringen Randabstand des Spannbolzens.

Bild 17   Zu geringer Randabstand der Spannbolzen

Stehen Doppelbolzen quer zur Spannrichtung (siehe Bild18), so ist praktisch keine Momentenübertragung möglich. In der Fachwelt ist der Einsturz einer solchen Treppe bekannt. Abhilfe kann man außer dem Ausbau der Treppe nur mit einem Wandersatzträger aus Stahl schaffen .

Bild 18   Doppelbolzen quer zur tragenden Spannrichtung

Das Aufweiten oder Nachbohren von Trittstufen führt zu einem nicht kalkulierbaren Tragfähigkeitsverlust und ist deshalb grundsätzlich untersagt. Wird dies an Stufen, wie hier in Bild 19 gezeigt, vorgenommen, so sind diese Stufen unbrauchbar und müssen ausgetauscht werden.

Bild 19   Nachgebohrte Trittstufe

Die maximalen Torsionsspannungen hängen von der Anzahl der freien Stufen ab. Deshalb wird in den Zulassungen in Abhängigkeit von der Stufendicke und der Materialfestigkeitsklasse eine zulässige Anzahl von Stufen festgelegt, welche ohne Zwischenabstützung oder Aufhängung ausgeführt werden können. Solche Zwischenabstützungen werden gerne „vergessen" oder nachträglich wieder ausgebaut. Dabei kommt es zu einer erheblichen Überbeanspruchung der Stufen durch Torsionsmo-mente. Bild 20 zeigt eine solche Treppe mit einer Zwischenabstützung.

Kommentar der Richterin:
„So stelle ich mir keine freitragende Treppe vor!"
Da sie als solche angeboten war, musste sie ausgebaut werden.

Bild 20   Treppe mit Zwischenunterstützung

Holz-Tragbolzentreppen und geländertragende Treppen

In statischer Hinsicht entsprechen Tragbolzentreppen aus Holz denen aus Stein.
Für die verschiedenen Hölzer und Holzwerkstoffe sind ebenfalls Torsions- und Biegeversuche erforderlich. Da für diese Treppen ausgesuchte Hölzer verwendet werden, sind die E- und G- Moduli der DIN 1052 zu gering. Sie werden deshalb im Zulassungsverfahren anhand von Versuchen festgelegt.

Maßgebende Bemessungskriterien für Tragbolzentreppen aus Holz sind die Durch-biegungen und das Schwingungsverhalten. Beide hängen neben den Materialeigenschaften im Wesentlichen von den Stufendicken ab. Ähnlich wie bei der Tragbolzentreppe aus Stein ist je nach Grundriss und Dicke der Stufen eine Zwischenunterstützung notwendig. Wird diese nicht eingebaut oder nachträglich entfernt oder werden zu dünne Stufen eingebaut, so stellt sich beim Begehen eine deutlich spürbare Durch-biegung oder Schwingung ein. Die ETAG 008 [2] gibt hierzu Grenzwerte an. Eine einfache Prüfung an der eingebauten Treppe ist die Belastung mit 100 kg an ungünstigster Stelle. Diese Last darf am Treppenrand eine Durchbiegung von maximal 5 mm hervorrufen.

Üblich ist eine Lagerung der Stufen auf Wandankern, die aus der Stufe auskragen und in der Wand, meist auf schalldämmenden Gummilagern aufliegen. Bild 21 zeigt die prinzipielle Ausbildung von Wandankern. In die Stufen werden 16 mm dicke Stahldollen eingelassen und mit einer Einschlagkappe gegen Ausbruch gesichert. Wandabstand und Einbindetiefe sind in der Zulassung festgelegt. Zu dünne Stufen, fehlende Einschlagkappen, unzureichende Einbindelängen und unzulässige Holzarten können zum lokalen Ausbruch des Wandankers führen. Ein Ausbruch erfolgt analog zum Versuch (siehe Bild 22).

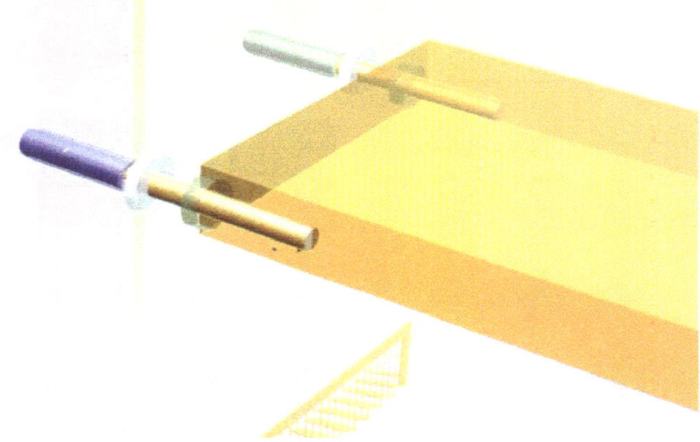

Bild 21   Wandanker schematisch

Bild 22 Wandankerausbruch im Versuch

Eine originelle Lösung findet man in Bild 23. Der Wandanker ist hier in Bauschaum eingesetzt.

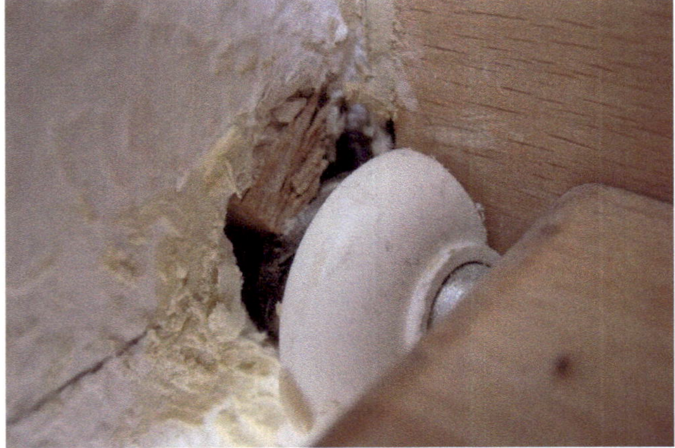

Bild 23 Wandanker in Bauschaum eingesetzt.

Eingelassene Verankerungen schwächen die Stufe und führen leicht zum Bruch, wie man in Bild 24 sieht.

Bild 24 Stufenbruch wegen Schwächung durch eingelassene Scheibe

Bei Tragbolzentreppen und geländertragenden Treppen sind nach großem Prüfaufwand Querschnitte und Verbindungsmittel bis zu ihrer Grenze ausgenutzt. Neben den Biege- und Torsionsversuchen sowie den Wandanker-Ausbruchversuchen werden Pfostenanschlüsse, Geländereckverbindungen und Geländerstabanschlüsse systematisch auf ihre Tragfähigkeit geprüft. Als Verbindungsmittel werden spezielle Treppenbauschrauben verwendet.

Die Festlegung der Tragfähigkeit erfolgt in Abhängigkeit der verwendeten Verbin-dungsmittel und Holzarten nach der Zulassung. Bild 25 zeigt den Biegeversuch einer Eckverbindung und Bild 26 den Biegeversuch einer Pfosten-Handlauf-Verbindung.

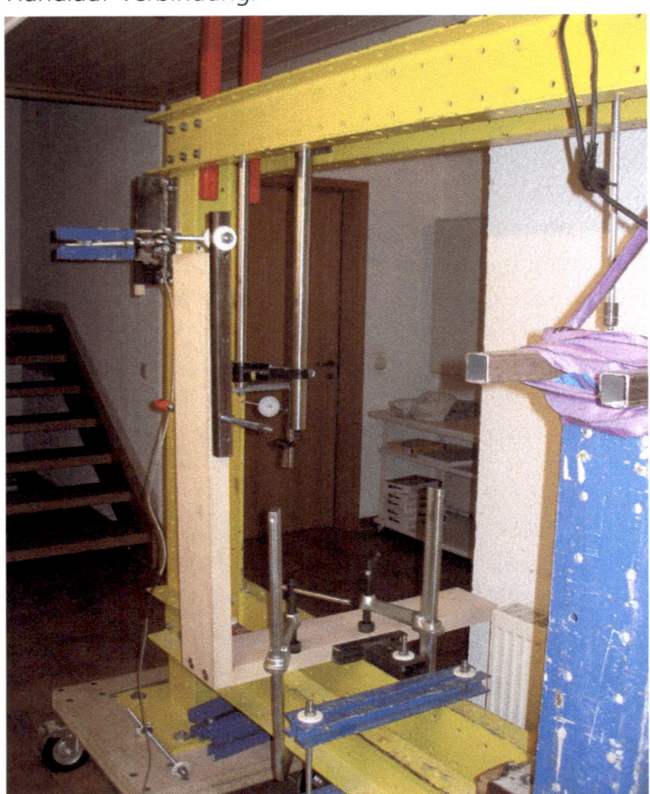

Bild 25 Prüfen der Eckverbindung

Bild 26 Prüfen der Pfosten-Handlaufverbindung

In Bild 27 wird eine Handlauf-Eckverbindung gemäß Zulassung einem Praxisbeispiel gegenübergestellt. Anstelle des erforderlichen Querschnittes 45/160 mm wurde ein Handlauf 40/120 mm eingebaut. Treppenbauschrauben und Dübel wurden durch zwei SPAX-Schrauben ersetzt. Die auf Zug beanspruchten Geländerstäbe waren nur in den Handlauf gesteckt. Wegen der erheblichen Durchbiegung der Treppe sowie lauter Knarrgeräusche kam es zum Streitfall. Das Ergebnis war der erforderliche Ausbau von 20 Treppen.

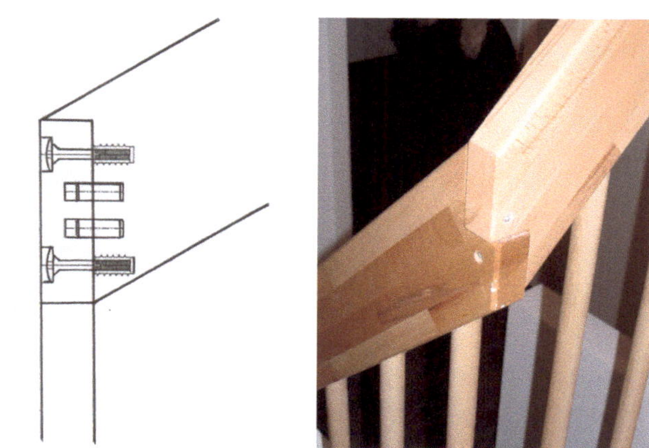

Bild 27 Handlauf-Eckverbindung nach Zulassung und bei mangelhafter Ausführung

Treppen nach dem Regelwerk „Handwerkliche Treppen"

Treppen, die dem Regelwerk „Handwerkliche Holztreppen" [1] entsprechen, benötigen keinen weiteren statischen Nachweis und keine Zulassung (siehe Bild 2).

Oft führt die Verwendung des Begriffes „Handwerkliche Holztreppe" zu Meinungsverschiedenheiten. Im Sinne der geregelten und nicht geregelten Treppen ist die Handwerkliche Holztreppe eine Treppe, die dem Regelwerk entspricht. Werden zulassungspflichtige Treppen (Bild 2) von einem Handwerker gefertigt, so bleiben diese dennoch zulassungspflichtig.

Häufig sind zu dünne Stufen oder Wangen Ursache für ein erhebliches Knarren und eine unangenehme Seitenschwingung. Leichtes Knarren und Schwingen von Holztreppen ist nicht auszuschließen. Eine Aussage über das zulässige Maß kann man nur mit entsprechendem Frequenzaufnehmer an der eingebauten Treppe messen. Nach der ETAG 008 [2] muss die erste Eigenfrequenz größer als 5 Hz sein. In Streitfällen kann der Sachverständige sich auf die ETAG beziehen und damit den Mangel eines zu lauten Knarrens begründen.

Nach dem Regelwerk muss der Antrittspfosten fest mit dem Boden verbunden sein.
Wird der Pfosten frei verschieblich auf den Estrich gestellt, so hat dies in Bezug auf die Schallübertragung Vorteile. Ein unbewehrter Estrich kann die auftretenden Kräfte jedoch nicht aufnehmen und ist damit bruchgefährdet. Weiterhin entsteht durch die horizontale Verschieblichkeit eine Verschlechterung des Verformungs- und Schwingungsverhaltens, oft verbunden mit dem Knarren der Treppe. Bild 28 zeigt den Regelwerksanschluss und eine unzulässige Ausführung mit einem Pfosten, der auf dem Belag steht.

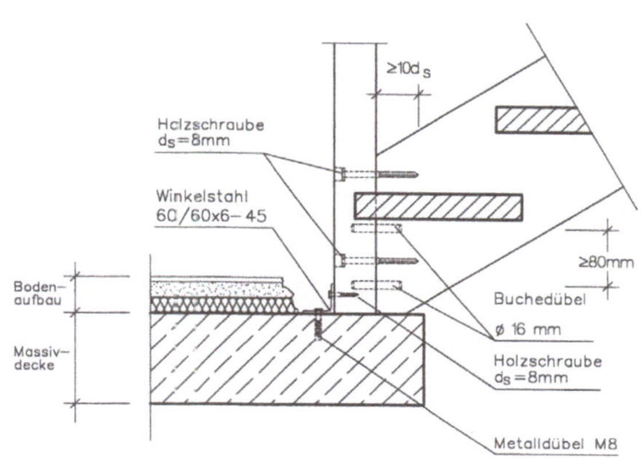

Bild 28 Pfostenanschluss nach Regelwerk und unzulässige Ausführung

Das Öffnen des Bodenbelags und der Einbau eines regelgerechten Anschlusses sind in solchen Fällen sehr kostenaufwendig.
Beim Kopfanschluss treten ebenfalls häufig Fehler auf. Bei der Ausführung nach Bild 29 ist die metallische Halterung durch Holzkeile ersetzt.

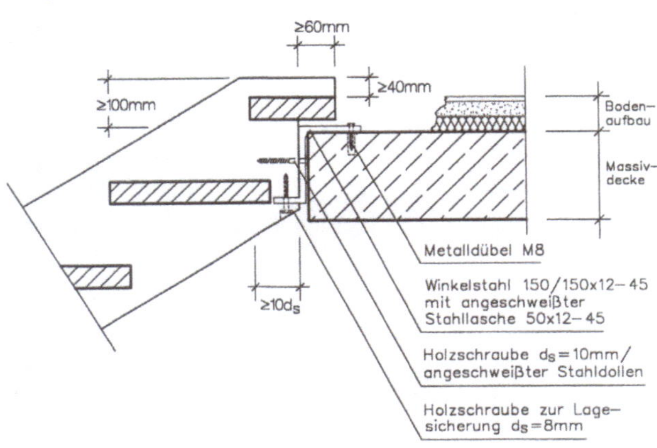

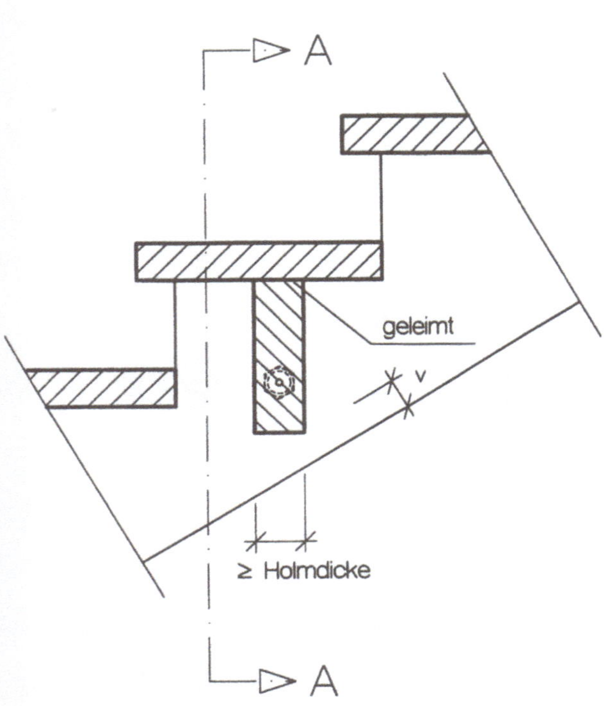

Bild 29 Deckenanschluss nach Regelwerk und vorgefundene
Ausführung

Bild 30 Querausteifung nach Regelwerk und mangelhafte Aus
führung

Nach dem Regelwerk müssen bei der aufgesattelten Treppe Querausteifungen zwischen den Wangen eingebaut
werden. Bild 30 zeigt das Konstruktionsprinzip und eine
unzulässige Ausführung, bei der die Stufe nicht mit der
Strebe verleimt und nicht mit den Wangen verspannt ist.
Bei der Messung der Seitenschwingung stellte sich unter
einer Einzelmasse von 100 kg eine erste Eigenfrequenz
von 3 Hz ein. Die Leitlinie ETAG 008 [2] fordert, dass die
erste Eigenfrequenz mindestes 5 Hz sein muss.

Verstöße gegen die Regeln
der DIN 18065 „Gebäudetreppen"

Die DIN 18065 hat präzise Anforderungen an die Ausführungsgenauigkeit und die Mindestabmessungen von Treppen. Zwischen der Fassung DIN 18065:2000-01 und der 2011 erwarteten Neufassung sind diesbezüglich keine Änderungen vorgenommen worden.

Höhenabweichungen (Tabelle 1, DIN 18065)
Die angegebenen Steigungshöhen sind Endmaße. Ein Zuschlag für Toleranzen ist nicht erlaubt. Die Maße in der DIN 18065:2000-01 sind in Zentimeter angegeben. Es kommt immer wieder zu Anfragen an den Arbeitsausschuss der DIN 18065, ob 0,5 Zentimeter Aufrundungsmaß erlaubt sind. Dies ist nicht der Fall. In der Neufassung der DIN 18065 werden deshalb die Maße in Millimeter angegeben werden.

Treppenplanungen mit den Grenzmaßen nach Tabelle 1 DIN 18065:2000-01 führen in der Regel bei der Ausführung zu Verstößen, da praktisch nicht ohne Toleranzen gefertigt werden kann. Besonders anfällig sind baustellenverlegte Trittstufen.

Die Abweichung der Treppensteigung von einer Stufe zur benachbarten Stufe darf nicht mehr als 5 mm betragen und ebenfalls vom Nennmaß nicht mehr als 5 mm abweichen. Auch hier sind baustellenverlegte Trittstufen besonders anfällig für Fehler.

Eine Ausnahme bilden Treppen in Wohngebäuden mit nicht mehr als zwei Wohnungen. Hier darf das Istmaß der Steigung bei der Antrittsstufe maximal 1,5 cm vom Nennmaß abweichen. Die Antrittstufe ist stets die erste Stufe. Bild 31 erläutert die Situation.

Die Antrittstufe ist stets die erste Stufe. Eine Auslegung, dass die letzte Stufe vom Austritt her kommend die Antrittsstufe sei, ist falsch. Der Höhenausgleich an Austrittstufen ana og Bild 32 ist damit unzulässig.

Bild 32   nterfütte te Austrittstufe

Abweichungen des Auftrittmaßes a
(Tabelle 1, DIN 18065)
Schrittmaß und Auftrittmaß dürfen ebenfalls nur um 5 mm vom So lmaß und von einer Stufe zur andern abweichen. Das Maß a des Auftrittes ist in der Lauflinie der Treppe zu messen. Bei geradeläufigen Treppen ist dies im eingebauten Zustand möglich. Die Lauflinie gewendelter Treppen lässt sich im eingebauten Zustand praktisch nicht bestimmen. Hier ist die gesamte Treppe aufzumessen, zu zeichnen, der Gehbereich festzulegen und durch zeichnerisches Probieren festzustellen, ob eine Lauflinie ohne unzulässige Abweichungen konstruierbar ist. Bild 33 beschreibt das Vorgehen.

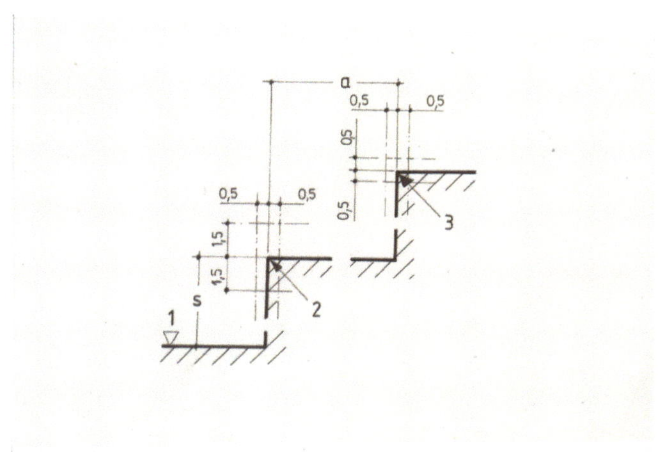

Bild 31 Toleranzen der Lagen der Stufenvorderkanten nach DIN 18065

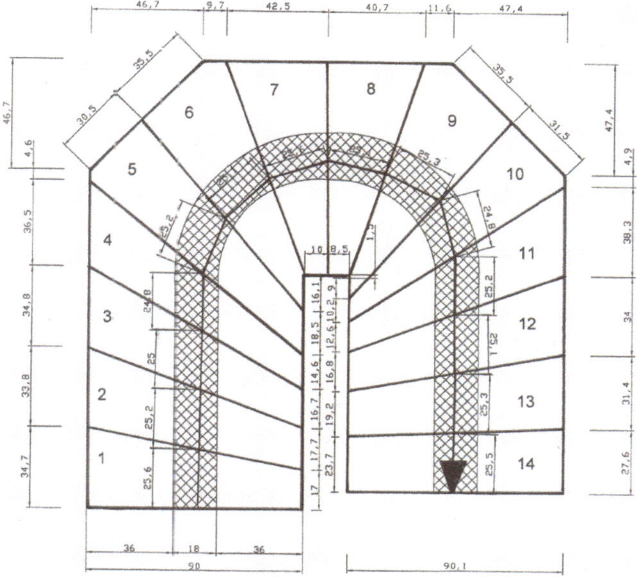

Bild 33   Aufgemessene Treppe mit konstruierter Gehlinie

Abweichung der Stufenneigungen

Zu große Neigungen senkrecht zur Laufrichtung treten sehr häufig bei Treppen mit baustellenverlegten Stufen auf. Erhalten Trapezstufen eine Neigung in Laufrichtung, so ist der seitliche Anstieg an den Rändern unterschiedlich. Werden die Setzstufen nicht trapezförmig zugeschnitten, pflanzt sich der Fehler auf die Folgestufe fort und summiert sich. Bild 34 verdeutlicht den Sachverhalt.

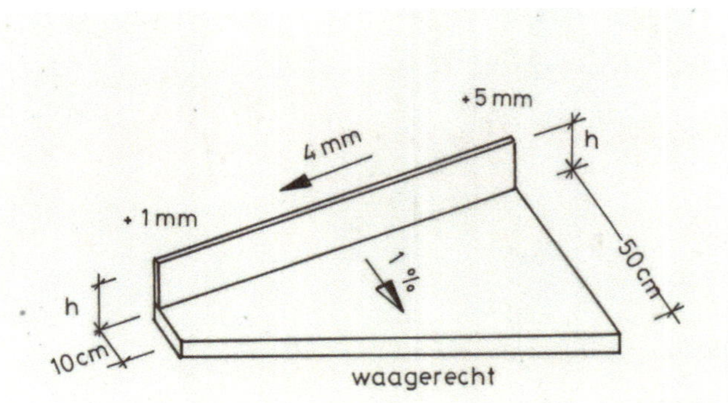

Bild 34   Geneigte Trapezstufe

Lichte Durchgangshöhe und Durchgangsbreite

DIN 18065 schreibt eine lichte Durchgangshöhe von 2,00 m vor. Die Durchgangs-höhe wird über einer gedachten geneigten Ebene, die durch die Vorderkanten der Stufen gebildet wird, im gebrauchsfertigen Zustand der Treppe gemessen. Die Messungen f_1 und f_2 in Bild 35 sind häufig vorgenommene Falschmessungen.

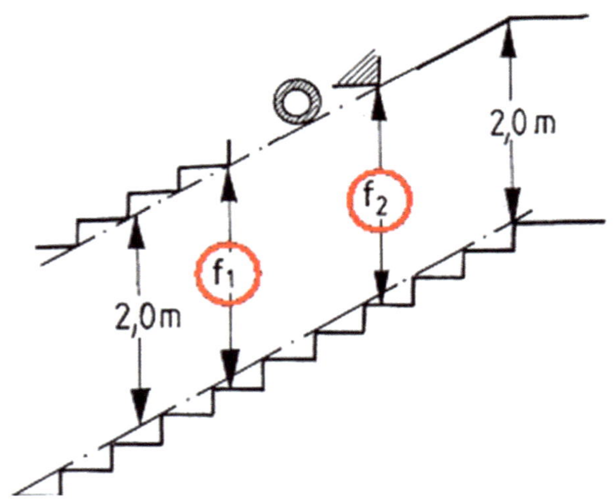

Bild 35   Messung der lichten Durchgangshöhe

Treppengeländer und Handläufe

Nach den Landesbauordnungen benötigt jede Treppe einen griffsicheren Handlauf.

Eine Treppe besteht gemäß DIN 18065 aus mindestens einem Treppenlauf. Ein Treppenlauf ist die ununterbrochene Folge von mindestens drei Steigungen zwischen zwei Ebenen. Weniger als drei Steigungen werden als Ausgleichsstufen betrachtet.

In der Neufassung der DIN 18065 ist ein griffsicherer Handlauf genauer definiert. Seine Breite oder sein Durchmesser muss mindestens 25 mm und maximal 60 mm betragen. Die Abdeckbohle in Bild 36 ist somit nicht griffsicher.

Bild 36   Handlauf nicht umgreifbar

Die Horizontalbelastung auf den Handlauf ist gemäß DIN 1055 bei Wohngebäuden mit 0,5 kN/m anzusetzen. Bei öffentlichen Gebäuden beträgt die Lasteinwirkung 1,0 kN/m.

Sehr oft trifft man, besonders bei geradeläufigen Holztreppen, auf erheblich unterdimensionierte Handläufe. Bild 37 ist ein Beispiel dazu.

Bild 37 Treppe mit unterdimensioniertem Handlauf

Die Belastungsvorschrift DIN 1055 hat keine Angabe für Lasteinwirkungen in der Handlaufebene (Bild 38).

Oft findet man bei der Ausführung Handläufe, deren Halter mit Silikon eingeklebt sind.Eine geringe Zugkraft,

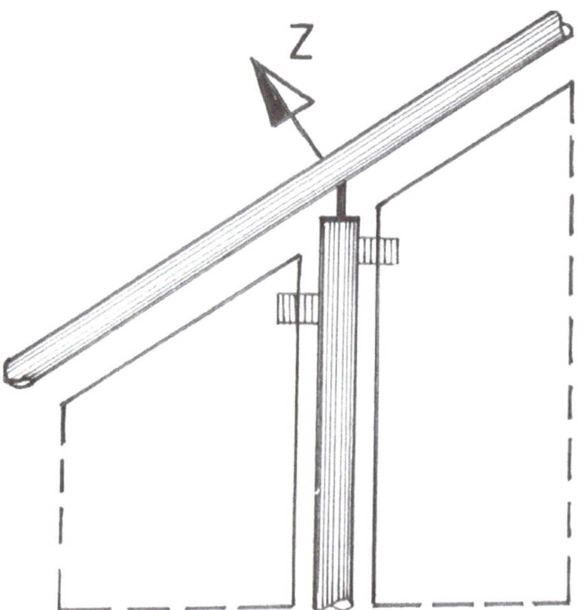

Bild 38 Lasteinwirkung in Handlaufebene

die beim Treppensteigen ausgeübt wird, führt leicht dazu, dass sich der Handlauf aus der Verankerung löst. Schwerwiegende Stürze dieser Art sind aus der Sachverständigentätigkeit bekannt.

Andere häufig festgestellte Mängel sind:

- Zu geringe Umwehrungshöhe
- Zu große Öffnungen in der Geländerfüllung
- Dübelbefestigung mit falschen Randabständen usw.

Weitere Beispiele zu mangelhaften Umwehrungen würden Stoff für einen gesonderten Beitrag liefern. An dieser Stelle sollen die Ausführungen auf vorliegende Fälle beschränkt bleiben. Auf die sehr hilfreichen Konstruktions- und Bemessungshilfen in der Geländerrichtlinie des Bundesverbandes Metall [4] sei besonders hingewiesen.

Zusammenfassung

Vorliegender Beitrag erörtert wichtige Regelwerke für Treppen und geht ausführlich auf die verschiedenen Konstruktionsarten des modernen Treppenbaus ein. Eine besondere Beachtung kommt Treppen aus nicht geregelten Baustoffen zu, welche eine europäische technische Zulassung ETA benötigen. An Beispielen aus der Praxis werden häufig vorkommende Mängel beschrieben.

Schrifttum

[1] Handwerkliche Holztreppen, Regelwerk Holztreppen
Herausgeber: BUND DEUTSCHER ZIMMERMEISTER (BDZ) im Zentralverband des Deutschen Baugewerbes e.V., Kronstraße 55-58, *10117 Berlin*
BUNDESVERBAND DES HOLZ- UND KUNSTSTOFFVERARBEITENDEN HANDWERKS
Bundesinnungsverband für das Tischlerhandwerk, Abraham-Lincoln-Straße, 65189 Wiesbaden

[2] ETAG 008
LEITLINIE FÜR EUROPÄISCHE TECHNISCHE ZULASSUNGEN FÜR VORGEFERTIGTE TREPPENBAUSÄTZE, Fassung Januar 2001
EOTA, Kunstlaan, Avenue des Arts B-1040, Brussels

[3] Irle, A.:Regelwerk „Handwerkliche Holztreppen"
Erlaubte Abweichungen und Anwendungsgrenzen
BM Bau- und Möbelschreiner 1/2007, Seite 82 – 84
Konradin Verlag

[4] Geländerrichtlinie, Stand September 2008
Herausgeber: Bundesverband Metall – Vereinigung Deutscher Metallhandwerke
Ruhrallee 12, 45138 Essen

Beläge auf Außentreppen und Podesten

Einleitung

Wer mit offenen Augen einmal sowohl Eingangsstufen-
anlagen von privaten Wohngebäuden wie größere Stufenanlagen gewerblich genutzter Gebäude betrachtet,
wird feststellen, dass deren Beläge selten völlig mängel-
frei sind.

Es sind vor allem Ausblühungen auf den Fugen, Feuchteflecken bei Natur- und Betonwerksteinbelägen, aber
auch Kalkauslaugungen und Putzabplatzungen an frei-
en Stufenköpfen, die immer wieder ins Auge fallen.
Oft sind die Beeinträchtigungen schon nach relativ kurzer
Zeit so auffällig, dass sie auch für den Nichtfachmann
erkennbar sind.

Mehrheitlich sind vor allem größere Stufenanlagen von
diesen Mängeln betroffen. Besonders dann, wenn Ein-
gangs- und Stufenpodeste ihr Sickerwasser in der Stufen-
konstruktion ableiten.

Grundsätzliche Betrachtung

Beläge auf Stufenanlagen sowie auf deren Podestflächen
im Außenbereich sind bauphysikalisch grundsätzlich wie
Balkone, Terrassen und Dachterrassen zu betrachten.
Sie werden vergleichbaren Beanspruchungen ausgesetzt. Daher sind auch hier die gleichen Parameter anzuwenden, insbesondere im Hinblick auf die Bauphysik.
Das bedeutet auch, dass Pfützenbildung auf der wasser-
führenden Ebene von Podestflächen, aber auch auf Auftrittflächen zu Ausblühungen innerhalb der Fugen und bei
saugfähigen Natur- und Betonwerksteinen auch zu feuch-
tebedingten Farbvertiefungen (Feuchteflecken) führt.

Kalkauslaugungen treten mehrheitlich aus den unteren Fugen der Stufen zwischen Auf- und Stoßtritt
aus. Zum Teil verteilt sich kalkhaltiges Sickerwasser auf der Belagsoberfläche. Wenn keine kontinu-
ierliche Reinigung erfolgt, kristallisieren die mit dem
Wasser ausgeschwemmten Kalke (Calciumhydroxid)
zu wasserunlöslichem Calciumcarbonat. Dieses be-
deckt dann krustenartig die Auftritte der Stufen.

Das über die Fugen in die Belagskonstruktion eindringende Sickerwasser kann zumindest dort, wo seitliche Stu-
fenköpfe offen liegen, auch hier austreten.

Dabei werden die Putze durchfeuchtet, so dass sich
Farbanstriche oder Dekorputze lösen. Das kalkhaltige
Sickerwasser führt außerdem zu oft auffälligen Kalk-
fahnen und anschließender Krustenbildung, aber auch
zu Stalaktiten an der Treppenunterseite.

Bei der Betrachtung von Außentreppen fällt immer wieder auf, dass mit der Zunahme der Stufen und der damit
verbundenen Verlängerung der Sickerstrecken auch die
Intensität der ausgelaugten Kalke zunimmt. Dabei sind
die unteren Stufen immer stärker betroffen als die oberen.
Das liegt daran, dass je länger die Sickerstrecke ist, des-
to konzentrierter werden die mit Sickerwasser ausgeschwemmten Kalkanteile. Ganz offensichtlich wird das
Auslösen von Kalk aus dem Zement durch die strecken-
weise senkrechte Wasserabführung im Stoßbereich noch
verstärkt.

Auch das Auftreten feuchtebedingter Farbvertiefungen
(Feuchteflecken) konzentriert sich mehr auf die unteren
als auf die oberen Stufen. Das liegt auch daran, dass der
Anteil kapillar gebundenen Wasser in tiefer liegenden Bereichen immer höher ist.

Größere Außentreppenanlagen benötigen auch den
Belag entspannende Bewegungs- und Anschlussfugen.
Denn auch hier sind thermisch bedingte Längenverände-
rungen zu berücksichtigen. Weil besonders im Hochsom-
mer die Auftrittflächen durch Sonne sehr viel stärker er-
wärmt werden als die senkrechten Stoßtrittflächen, sind
Haarrisse sowohl in den Horizontal- wie Vertikalfugen
unvermeidbar.

Grundsätzlich ist festzuhalten: Eine Behebung von Schäden an Außentreppen ist fast immer nur durch Totalsa-
nierung möglich

Regelwerke

Die DIN 18065 – Gebäudetreppen – von 01-2000 gilt
derzeit nur für den Innenbereich. Sie regelt die Maße und
gibt Messregeln vor. Mit der Ausführung selbst befasst
sie sich nicht.

Diese Norm ist überarbeitet und wird wahrscheinlich
schon bald aktualisiert angeboten. Ihr Geltungsbereich
wird dann auch auf Außentreppen ausgedehnt. In der
DIN 18332 „Naturwerksteinarbeiten" finden sich keinerlei Hinweise zu Ausführungen von Außentreppenbelägen.

Die DIN 18333 „Betonwerksteinarbeiten" weist unter Punkt 3.2.2 darauf hin, dass Betonwerksteintreppen auf betonierten Treppenläufen zwängungsfrei zu verlegen sind wie z. B. auf Mörtelquerstreifen. Weitere Hinweise enthält sie dazu nicht.

Es liegt ein Entwurf des Merkblattes „Außentreppen, keramische Fliesen, Betonwerkstein und Naturwerkstein auf Treppen im Außenbereich" von 2008 vor – herausgegeben vom Fachverband Fliesen und Naturstein im Zentralverband des Deutschen Baugewerbes. Darin wird für die horizontalen Flächen ein Gefälle verlangt und die Betonkonstruktion sollte eine Verbundabdichtung erhalten. Wo Außentreppen frei bewittert sind, wird eine Drainschicht empfohlen, die kapillarbrechend sein soll. Als Verlegemörtel wird ein drainierender Mörtel der Körnung 2 – 8 mm ohne Feinanteile genannt.

Wie gesagt, das Merkblatt existiert als Entwurf, der noch entscheidende Veränderungen erfahren wird. Sehr viel konkreter sind die Angaben des DNV Merkblattes (Deutscher Naturwerkstein Verband e.V.) „Bautechnische Informationen Naturwerkstein 1.3, Massivstufen und Treppenbeläge außen" – Stand 2001. Schon seinerzeit wurde darauf hingewiesen, dass das in den Verlegegrund eindringende Wasser gezielt abzuführen ist.

Dies kann geschehen durch das Anlegen von Kanälen im Verlegemörtel zur Wasserabführung oder den Einbau von Drainagematten. Günstig sei die Verlegung in einem drainfähigen Verlegemörtel.

Das Anlegen von Entwässerungskanälen im Verlegemörtel ist bei einer Vielzahl von vor allem saugfähigen Steinen jedoch problematisch, weil sich gezielt gebildete Hohlräume oftmals an der Belagsoberfläche als feuchtebdingte Farbvertiefungen abzeichnen. Diese wird von den Auftraggebern heute nicht mehr akzeptiert.

Wie können Schäden gezielt vermieden werden?

Da die Ursachen von Schäden/Reklamationen an Außentreppen sowie Podesten fast ausschließlich durch Stauwasser im Mörtel ausgelöst werden, sind bestimmte Maßnahmen unumgänglich. Das über die Fugen in den Belag eingedrungene Sickerwasser muss gezielt in einen ausreichend großen Hohlraum auf der Abdichtungsebene bzw. auf dem Untergrund abgeführt werden.

Dies geschieht in der Regel durch den Einbau kapillarbrechender, den Belag aufstelzenden, rechtwinkliger Drainageelemente, in denen Sickerwasser auf der Abdichtungsebene zu einer Drainleitung unterhalb der Stufenanlage oder in Drainschichten von Zwischenpodesten zu Bodenabläufen abgeführt werden kann.

Die Auftrittflächen sind mit einem Gefälle von mindestens 1 % zu versehen, so dass sich allenfalls nur sehr flache Wasserpfützen bilden können. Schon mit der Abdichtung der Treppenstufen muss an freien Stufenköpfen eine Aufkantung geschaffen werden, die ungewollt austretendes Sickerwasser in diesem Bereich verhincert.

Auf dem kapillarbrechenden einteiligen Stufendrainelement ist zu empfehlen, sowohl Beläge aus Keramik wie auch aus Natur- und Betonwerkstein in drainfähigem Einkornmörtel zu verlegen. Mit einer solchen kapillarbrechenden Drainschicht wird – auch wenn diese mit Dichtstoffstreifen am Untergrund punktuell fixiert wird – praktisch eine Entkopplung des gesamten Stufenbelages vorgenommen.

Daher sind die auf der Stufe aufgetragenen vertikalen und horizontalen Mörtelschichten mit einer einstückigen rechtwinkligen Bewehrung aus Edelstahl zu versehen. Diese ist etwa mittig in die Mörtelschicht einzubetten. Festzuhalten ist, dass nur Baustahlgitter aus Edelstahl geeignet sind. Ein normales übliches Estrichgitter mit verzinkter Oberfläche darf hier nicht verwendet werden.

Bedingt durch die große Porosität des alkalischen Mörtels treten nämlich an solchen Estrichgittern beschleunigt Korrosionserscheinungen in großem Umfang auf. In der Folge entstehen – vor allem an Natur- und Betonwerksteinbelägen – rostartige Verfärbungen an deren Oberfläche.

Die Belagsmaterialien können nicht ohne geeignete Haftbrücke mit dem drainfähigen Einkornmörtel verbunden werden. Auf deren Rückseite ist deshalb ein Haftvermittler aufzutragen. Bei Natur- und Betonwerkstein muss es ein für diesen Zweck geeigneter Mörtel sein, der grundsätzlich vollfläch g auf den Belagsrückseiten aufzutragen ist.

Durch den profilierten Auftrag mit Zahnkelle ist ein inniger Verbund des Belages mit dem Drainmörtel realisierbar. Glatte Kontaktschichten sind mindestens 2 bis 3 mm dick aufzutragen.

Die jeweils unterste Stufe eines Treppenlaufes ist gezielt zu entwässern. Für den Fall, dass in eine Podestfläche entwässert wird, muss hier ein akkurat ausgebildeter Übergang aus der senkrechten Drainage im Stoßbereich in die horizontale Drainage des Podestes erfolgen.

An der untersten Stufe ist ein Drain aus Kies bzw. aus einer Drainrinne oder Drainrost erforderlich.

Wegen der unterschiedlichen Erwärmung bei Sonneneinwirkung von Auf- und Stoßtrittflächen entstehen in der unteren Lagerfuge (im Eckbereich) der Stufen Haarrisse. Deshalb sollten diese Fugen mit elastischen Dichtstoffen ausgeführt werden.

Fazit

Werden die vorgenannten Hinweise beachtet, sind ausblühungsfreie und nahezu feuchtefleckenfreie Stufenbeläge im Außenbereich möglich. Dies setzt eine sorgfältige Ausführungsweise voraus.

Der zusätzliche Einbau von kapillarbrechenden Drainschichten und einer Bewehrung aus nicht rostendem Punktschweißgitter verteuert zwar die Herstellung von Außentreppen erheblich, führt aber regelmäßig zum Erfolg und macht die schon nach wenigen Jahren oft teure Totalsanierungen klassisch verlegter Treppenstufen überflüssig. Der Mehraufwand zahlt sich daher schon mittelfristig aus und die Außentreppen werden nicht unansehnlich.

Walter Gutjahr

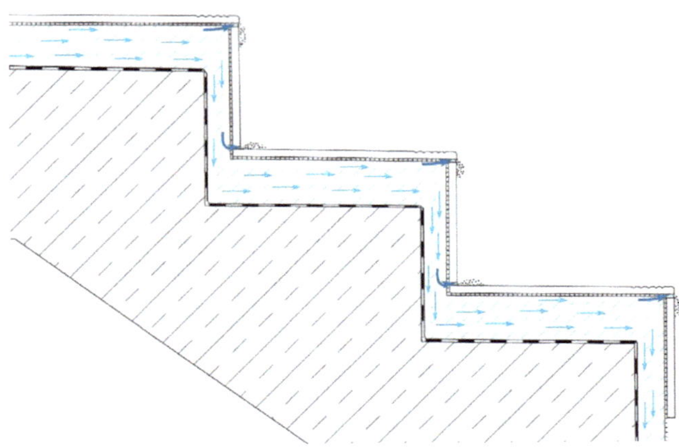

Abb. 1: Schäden sind überwiegend Ausblühungen. Mit Sickerwasser ausgelöste Kalke (Calciumhydroxid) treten aus den Horizontalfugen der Stufen aus. Sickerwasserprozesse im Verlegemörtel verlaufen gerade in Stufen intensiver!

> Für die gezielte Entwässerung von Stufen bietet Gutjahr Systemtechnik GmbH in Bickenbach seit Jahren spezielle, dafür entwickelte kapillarbrechende einteilige Drainageelemente an.
>
> Für darauf verlegte Belagskonstruktion stehen rechtwinklige Edelstahlgitterbewehrungen zur Verfügung. Um seitlich unkontrolliert herauslaufendes Sickerwasser zu vermeiden, werden 10 mm hohe Wasserleitstreifen angeboten.
>
> Für die Drainierung von Podestflächen, wobei die Beläge meist mit Drainmörtel verlegt werden, stehen spezielle Drainagen mit Funktionsnachweisen der MPA Darmstadt zur Verfügung.

Abb. 2 + 3: Verlegung der Stufen im Herbst 2007 Foto 12 Monate nach Ausführung Aus den Horizontalfugen wurden aus dem Mörtel lösliche Kalke ausgeschwemmt. Diese bildeten auf den Auftritten eine dicke Kalkkruste.

Abb. 4: Aus dem Verlegemörtel wurden erhebliche Mengen löslicher Kalke ausgewaschen, die inzwischen krustenartige wasserunlösliche Schichten gebildet habe. Dieser Prozess wird an dunklen, während der Sonnenphasen stärker aufgeheizten Belägen immer extremer ablaufen als bei hellen Belägen.

Abb. 5: Unkontrollierter seitlicher Austritt von Sickerwasser schädigt Putzschichten und darauf aufgebrachte Farb- oder Dekorputzschichten.

Abb. 6: Auffällige Feuchteflecken an den Stufen aus Granit an in einem ansonsten sehr repräsentativen Gebäude für Großveranstaltungen. Ist nur durch im Mörtel gestautes Wasser zu erklären.

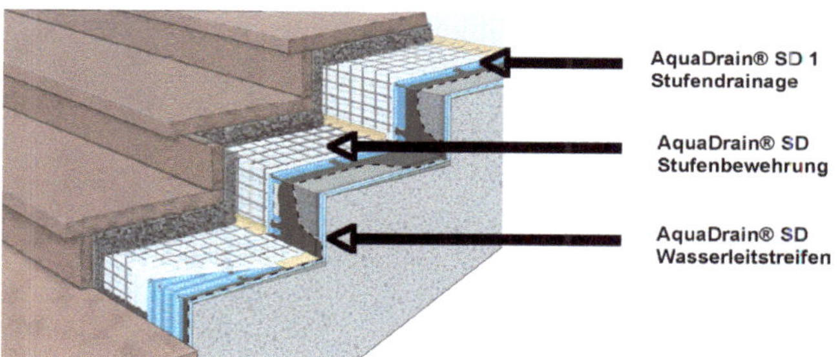

Abb. 7: Durch eine gezielte kapillarbrechende Drainage können sowohl Feuchteflecken wie Ausblühungen vermieden werden.

Abb. 8: Einbetten des Stufengitters aus Edelstahl in den Drainmörtel

Abb. 9: Eine Haftbrücke ist immer erforderlich und bei Natur- und Betonwerkstein vollflächig aufzutragen. Entweder kann diese glatt, dann etwas dicker oder zahnartig aufgetragen werden.

Abb. 10: Der mit der Dichtschlämme fixierte Wasserleitstreifen verhindert ungewollt seitlich austretendes Sickerwasser an freien Stufenköpfen.

Fertige Stufenanlage, die komplett draniert wurde, aus Naturstein Nero Impala. Sie ist auch nach Jahren frei von Ausblühungen und Feuchteflecken.